高等数学基础理论分析

武秀美　著

哈尔滨工业大学出版社

内 容 简 介

《高等数学》是高等院校理工科各专业的一门基础理论课。本书结合作者从教 17 年的教学经验,主要研究函数极限的求法、函数的导数与微分的应用、一元函数积分的计算问题、常微分方程等理论的基础知识,以及如何运用这些基础知识解决相关的数学问题。本书在重点关注基础概念、基础定理、基本方法和基本技能讲解的同时,注重培养学生的抽象概括能力、逻辑推理能力、计算能力和解决实际问题的能力。本书通过精选大量典型例题、习题来强化知识的运用能力和提高审题能力,使学生更能深刻地理解基础知识,掌握解题技巧。

图书在版编目(CIP)数据

高等数学基础理论分析 / 武秀美著 . — 哈尔滨:
哈尔滨工业大学出版社,2023.5
ISBN 978-7-5767-0875-2

Ⅰ.①高… Ⅱ.①武… Ⅲ.①高等数学—高等学校—
教学参考资料 Ⅳ.①O13

中国国家版本馆 CIP 数据核字(2023)第 110339 号

策划编辑　常　雨
责任编辑　马毓聪　周轩毅
封面设计　童越图文
出版发行　哈尔滨工业大学出版社
社　　址　哈尔滨市南岗区复华四道街 10 号　邮编 150006
传　　真　0451 - 86414749
网　　址　http://hitpress.hit.edu.cn
印　　刷　哈尔滨市颉升高印刷有限公司
开　　本　787 mm×1 092 mm　1/16　印张 9.75　字数 178 千字
版　　次　2023 年 5 月第 1 版　2023 年 5 月第 1 次印刷
书　　号　ISBN 978-7-5767-0875-2
定　　价　69.00 元

前　　言

　　在作者近十几年的高等数学教学中,虽然已经使用了多种版本的高等数学教材,但是总有一些学生对教材中的部分内容不满意,尤其是近些年接触的一些参加春季高考的学生,他们的数学基础较为薄弱,对高等数学的知识吃不透,学起来感到吃力.所以,作者根据自己的教学经验,把高等数学的主要知识用最简单的方式,按照自己的理解梳理了一遍,整理成《高等数学基础理论分析》,以便帮助那些想学好高等数学的同学及对高等数学有兴趣的人士学习高等数学.

　　在本书中,作者主要讲解高等数学中的基础概念和定理及需要重点理解、注意的知识点,并用许多经典的例题加强学习者对相应的知识点和解题方法的掌握,在课后配有大量的练习题以供学习者熟悉和掌握解题方法与技巧.

　　本书共六章,主要包括预备知识、极限、一元函数微分、一元函数积分、微分方程和多元函数的微积分学.这些内容都是高等数学最基础和主要的内容.本书在撰写过程中参考了一些文献中的内容,在此对它们的作者一并表示感谢.

　　由于作者水平有限,书中难免存在疏漏及不足之处,望读者批评、指正.

作　者
2023 年 1 月

目　　录

第一章 预备知识

第一节 集 合

一、集合的概念

将一定范围内的个体事物视为一个整体时,把这个整体称为集合,其中每个个体都称为该集合的元素. 一般情况下,集合用大写字母 $A,B,C,\cdots$ 来表示,元素用小写字母 $a,b,c,\cdots$ 来表示. 集合中的元素具有互异性、无序性、确定性. 如果元素 a 在集合 A 中,则称元素 a 属于集合 A,记作 $a \in A$;如果元素 a 不在集合 A 中,则称元素 a 不属于集合 A,记作 $a \notin A$. 集合按照元素个数分为有限集合和无限集合:由有限个元素组成的集合称为有限集合,简称有限集;由无限个元素组成的集合称为无限集合,简称无限集. 集合的常用表示方法有两种:一种是列举法,就是把集合的元素一一列举出来,例如由元素 x_1,x_2,x_3,x_4 组成的集合 X 表示为

$$X = \{x_1, x_2, x_3, x_4\};$$

另一种是描述法,用一个集合的元素所共有的某种特征来表示集合,例如由 1,$2,\cdots,9$ 所组成的集合 X 可表示为

$$X = \{x \mid 小于或等于 9 的自然数\}$$

在高等数学中常用的集合有:自然数集合 $\mathbf{N}$,整数集合 $\mathbf{Z}$,有理数集合 $\mathbf{Q}$,实数集合 $\mathbf{R}$.

二、集合的关系

1. 子集、真子集

设 A,B 是两个集合,如果集合 A 的所有元素都属于集合 B,则称集合 A 是集合 B 的子集,记作 $A \subseteq B$.

设 A,B 是两个集合,如果集合 A 的所有元素都属于集合 B,且集合 B 中至少存在一个元素不属于集合 A,则称集合 A 是集合 B 的真子集,记作 $A \subset B$. 例如 $\mathbf{N} \subset \mathbf{Z} \subset \mathbf{Q} \subset \mathbf{R}$.

定理 1.1 设 A,B,C 是两个集合,则:

(1)$A \subseteq A$；

(2)$A \subseteq B, B \subseteq C$,则 $A \subseteq C$.

2. 集合相等

设 A, B 是两个集合,如果 $A \subseteq B$ 且 $B \subseteq A$,则称集合 A, B 相等,记作 $A = B$.

三、区间与邻域

1. 区间

设 a, b 都是实数,且 $a < b$. 称集合 $\{x \mid a < x < b\}$ 为开区间,记作 (a, b),即 $(a, b) = \{x \mid a < x < b\}$；称集合 $\{x \mid a \leqslant x \leqslant b\}$ 为闭区间,记作 $[a, b]$,即 $[a, b] = \{x \mid a \leqslant x \leqslant b\}$；称集合 $\{x \mid a \leqslant x < b\}$ 为左闭右开区间,记作 $[a, b)$,即 $[a, b) = \{x \mid a \leqslant x < b\}$；称集合 $\{x \mid a < x \leqslant b\}$ 为左开右闭区间,记作 $(a, b]$,即 $(a, b] = \{x \mid a < x \leqslant b\}$.

左闭右开区间及左开右闭区间统称为半开半闭区间. 以上介绍的区间统称为有限区间,它们的区间长度记作 $b - a$.

还有一类区间称为无限区间. 引进两个记号 $+\infty$ 和 $-\infty$,分别读作正无穷大和负无穷大. 它们仅仅是两个符号,并不表示具体的数字. 利用这两个符号可以定义无限区间：

$$[a, +\infty) = \{x \mid a \leqslant x\}, \quad (-\infty, b] = \{x \mid x \leqslant b\},$$
$$(a, +\infty) = \{x \mid a < x\}, \quad (-\infty, b) = \{x \mid x < b\},$$
$$\mathbf{R} = (-\infty, +\infty) = \{x \mid -\infty < x < +\infty\}.$$

2. 邻域

设 a 和 δ 是两个实数,且 $\delta > 0$. 数集 $\{x \mid |x - a| < \delta\}$ 称为以点 a 为中心,以 δ 为半径的邻域,简称点 a 的 δ 邻域,记作 $U(a, \delta)$,即 $U(a, \delta) = \{x \mid |x - a| < \delta\}$.

称集合 $\{x \mid 0 < |x - a| < \delta\}$ 为以点 a 为中心,以 δ 为半径的空心邻域,简称点 a 的 δ 空心邻域,记作 $\mathring{U}(a, \delta)$,即 $\mathring{U}(a, \delta) = \{x \mid 0 < |x - a| < \delta\}$.

第二节 函 数

1. 函数的概念

在许多实际问题中会发现,某一个变量会随着另外一个或几个变量的变化而变化,这种关系在数学上称为函数关系.

定义 1.1 设 D 是一个给定的数集,如果按照某种对应法则 f,使得对于

任意的 $x \in D$, 都存在唯一的 y 与 x 对应, 则称这个对应法则 f 为定义在 D 上的函数, 记作 $y = f(x)$, $x \in D$. 其中数集 D 称为定义域, x 称为自变量, y 称为因变量. 与自变量对应的因变量的值的集合称为函数的值域, 记作 $f(D)$, 即

$$f(D) = \{y \mid y = f(x), x \in D\}.$$

注 1.1 由定义 1.1 易知, 函数的两大要素为定义域和对应法则. 如果两个函数的定义域和对应法则都相同, 那么这两个函数就是同一个函数.

注 1.2 函数的符号也可以用其他字母表示, 例如 g, h, F, G 等也可以用来表示函数, 相应地函数可以写成 $y = g(x), y = h(x), y = F(x), y = G(x)$ 等. 有时还可以直接用因变量的符号表示函数, 如 $y = y(x)$, 这时 y 既表示因变量, 又表示函数.

注 1.3 函数的定义域一般是使得函数的解析式有意义的自变量的集合, 这种定义域称为自然定义域. 但是在实际问题中有时需要根据自变量的实际意义来确定定义域.

2. 常见函数

例 1.1 函数 $f(x) = |x| = \begin{cases} x, & x \geq 0, \\ -x, & x < 0 \end{cases}$ 称为绝对值函数, 它的定义域为 $D = \{x \mid -\infty < x < +\infty\}$, 值域为 $W = \{y \mid f(x) \geq 0\}$.

例 1.2 函数 $f(x) = \operatorname{sgn} x = \begin{cases} 1, & x > 0, \\ 0, & x = 0, \\ -1, & x < 0 \end{cases}$ 称为符号函数, 它的定义域为 $D = \{x \mid -\infty < x < +\infty\}$, 值域为 $W = \{y \mid f(x) = -1, 0, 1\}$.

例 1.3 函数 $f(x) = [x]$ 称为取整函数, $[x]$ 表示不超过 x 的最大整数, 它的定义域为 $D = \{x \mid -\infty < x < +\infty\}$, 值域为整数集 **Z**, 如 $f(-0.5) = -1$, $f(2.5) = 2$.

3. 函数的几种特性

(1) 有界性.

定义 1.2 设函数 $f(x)$ 定义在数集 D 上, 如果存在某正常数 M, 使得对于一切 $x \in D$, 都有 $|f(x)| \leq M$, 则称函数 $f(x)$ 在 D 上有界; 反之, 则称函数 $f(x)$ 在 D 上无界.

如果存在常数 M_1 和 M_2, 使得对于任意的 x, 都有 $M_1 \leq f(x) \leq M_2$, 也称 $f(x)$ 在 D 上有界, 而 M_1 和 M_2 分别称为 $f(x)$ 在 D 上的下界和上界. 一般地, 函数的上下界不唯一.

注 1.4 函数的有界性不仅取决于函数本身, 还取决于自变量的取值

范围.

（2）单调性.

定义 1.3 设函数 $f(x)$ 定义在数集 D 上,如果对于任意的 $x_1, x_2 \in D$,且 $x_1 < x_2$,有 $f(x_1) < f(x_2)$,则称函数 $f(x)$ 在 D 上单调递增;如果对于任意的 x_1, $x_2 \in D$,且 $x_1 < x_2$,有 $f(x_1) > f(x_2)$,则称函数 $f(x)$ 在 D 上单调递减. 相应的集合 D 称为函数的单调递增集合或单调递减集合.

（3）奇偶性.

定义 1.4 设函数 $f(x)$ 的定义域 D 关于原点对称,若对于任意的 $x \in D$,有 $f(-x) = f(x)$,则称 $f(x)$ 为偶函数;若对于任意的 $x \in D$,有 $f(-x) = -f(x)$, 则称 $f(x)$ 为奇函数.

注 1.5 具有奇偶性的函数是定义在以原点为中心的对称区间上的,非对称区间上不能定义奇偶性.

注 1.6 奇函数的图形对称于原点,偶函数的图形对称于 y 轴.

（4）函数的周期性.

设函数 $f(x)$ 的定义域为 D,如果存在不为零的常数 T,使得对任意的 $x \in D, x \pm T \in D$,都有 $f(x \pm T) = f(x)$ 成立,则称 $f(x)$ 为以 T 为周期的周期函数.

通常所说的周期函数的周期是指其最小正周期.

4. 反函数

定义 1.5 设函数 $y = f(x)$ 的定义域为 D,值域为 W,如果对于任意 $y \in W$, 都存在唯一的 $x \in D$,满足 $f(x) = y$,那么称该函数为函数 $f(x)$ 的反函数,记作 $x = f^{-1}(y)$. 反函数 $x = f^{-1}(y)$ 的定义域为 W,值域为 D. 相对于反函数 $x = f^{-1}(y)$ 来说,函数 $y = f(x)$ 称为直接函数.

在函数关系式 $x = f^{-1}(y)$ 中,符号 y 表示自变量,符号 x 表示因变量. 但习惯上,一般用 x 表示自变量,y 表示因变量. 因此,通常对调函数式中的符号 x 与 y,改写为 $y = f^{-1}(x)$. 后面讨论反函数时,如不特别声明,用到的反函数都是这种改写后的反函数.

例如,函数 $y = x^3$ 的反函数是 $x = \sqrt[3]{y}$,也可以写成 $y = \sqrt[3]{x}$.

在坐标平面内,函数 $y = f(x)$ 与其反函数 $x = f^{-1}(y)$ 的图像是同一条曲线, 而函数 $y = f(x)$ 与函数 $y = f^{-1}(x)$ 的图像关于直线 $y = x$ 对称.

定理 1.2 若函数 $y = f(x)$ 在某个区间 I 上单调递增（或递减）,则它在该区间上存在反函数,且其反函数具有相同的单调性.

5. 复合函数

定义 1.6 设 D 为一非空实数集合,函数 $u = \varphi(x), x \in D$ 与 $y = f(u), u \in$

$\varphi(D)$ 所确定的 $D \rightarrow \mathbf{R}$ 的函数 h 为函数 φ,f 的复合函数,记作 $f \circ \varphi$,即 $h = f \circ \varphi:$ $D \rightarrow \mathbf{R}$,也可写为

$$y = f(\varphi(x)), x \in D.$$

注1.7 在进行函数复合时,要特别注意函数需要满足的条件.

注1.8 复合函数也可以由两个以上的函数复合而成.

例1.4 函数 $y = (\tan\sqrt{e^x})^4$ 是由哪些函数复合而成的?

解 该函数由 $y = u^4, u = \tan v, v = \sqrt{t}, t = e^x$ 复合而成.

例1.5 若函数 $f(3-2x)$ 的定义域为 $[-1,2]$,求函数 $f(x)$ 的定义域.

解 因为 $-1 \leqslant x \leqslant 2$,所以 $-1 \leqslant 3-2x \leqslant 5$,所以 $f(x)$ 的定义域为 $[-1,5]$.

例1.6 已知 $f(x)$ 的定义域为 $(0,3]$,求 $f(x^2+2x)$ 的定义域.

解 由 $0 < x^2+2x \leqslant 3$ 得 $\begin{cases} x^2+2x > 0, \\ x^2+2x \leqslant 3, \end{cases}$ 可得 $-3 \leqslant x < -2$ 或 $0 < x \leqslant 1$,所以 $f(x^2+2x)$ 的定义域为 $[-3,-2) \cup (0,1]$.

6. 基本初等函数与初等函数

基本初等函数:

(1)幂函数: $y = x^\mu$(μ 为常数,$\mu \neq 0$).

(2)指数函数: $y = a^x$(a 为常数,$a > 0, a \neq 1$).

(3)对数函数: $y = \log_a x$(a 为常数,$a > 0, a \neq 1$).

(4)三角函数: $y = \sin x, y = \cos x, y = \tan x, y = \cot x$.

(5)反三角函数: $y = \arcsin x, y = \arccos x, y = \arctan x, y = \text{arccot}\, x$.

定义1.7 由基本初等函数和常数经过有限次的四则运算和有限次的复合步骤所构成,且能用一个式子表示的函数,称为初等函数.

例如,$y = \ln\sqrt{x}, y = 5(x^3+1)$ 等都是初等函数.

高等数学里的函数,通常情况下都是基本初等函数或初等函数(除了分段函数).

第二章 极 限

第一节 数 列 极 限

一、数列极限的概念

极限思想早在我国古代《庄子·天下篇》就有记载:"一尺之捶,日取其半,万世不竭". 我国古代数学家刘徽利用"割圆术"来求圆的面积也是基于极限思想的,即用圆的内接正多边形来逼近圆,进而得到其面积.

设有一个圆,首先作其内接正六边形,它的面积记为 A_1;再作其内接正十二边形,它的面积记为 A_2;这样无限进行下去,每次边数加倍,第 n 次作的内接正多边形的边数为 $6 \times 2^{n-1}$,它的面积记为 A_n, $n = 1,2,3,\cdots$. 如此进行下去得到一个关于圆内接正多边形面积的序列:

$$A_1,A_2,A_3,\cdots,A_n,\cdots$$

当 n 越来越大时,内接正多边形的面积与圆的面积的差就会越来越小,A_n 就越来越接近于圆的面积. 但是,无论 n 多大,A_n 始终都是圆的内接正多边形的面积,它不会和圆的面积相等. 因此,当 n 趋于无限大(记作 $n \to +\infty$,读作 n 趋向于正无穷大),即圆的内接正多边形的边数接近于无限时,圆的内接正多边形的面积无限接近于圆的面积;也就是说,随着圆的内接正多边形的边数无限增大,其面积无限接近于一个确定的常数,这个常数就是圆的面积. 数学上把这个确定的常数称为上述面积序列 $A_1,A_2,A_3,\cdots,A_n,\cdots$ 在 $n \to \infty$ 时的极限.

把按照一定顺序排成的一列数 $x_1,x_2,x_3,\cdots,x_n,\cdots$ 称为数列,记作 $\{x_n\}$,其中 x_n 称为数列的一般项(也称为通项),n 称为项数,标志着 x_n 在整个数列中的位置是第 n 项. 例如

$$\frac{1}{3},\frac{1}{3^2},\frac{1}{3^3},\cdots,\frac{1}{3^n},\cdots;$$

$$1,-1,1,-1,\cdots,(-1)^{n+1},\cdots$$

都是数列,它们的一般项依次是 $\frac{1}{3^n}$ 和 $(-1)^{n+1}$.

数列本质上是一种函数,称为整标函数,该函数为自变量取值于全体自然

数的特殊函数 $x_n = f(n)$，$n = 1,2,3,\cdots$．在数轴上，数列 $\{x_n\}$ 的每一项都有对应的点，因此数列 $\{x_n\}$ 可视为数轴上的一个动点（图 2－1）．

图 2－1

对于数列 $\{x_n\} = \left\{\dfrac{n+2}{n}\right\}$，它的通项也可以写成 $x_n = 1 + \dfrac{2}{n}$，易知当 n 不断增大时，$\dfrac{2}{n}$ 越来越小，从而越来越接近于常数 1；即当 n 无限增大时，x_n 无限接近于常数 1．那么，在数学上称 1 为数列 $\{x_n\} = \left\{\dfrac{n+2}{n}\right\}$ 的极限．

下面给出数列极限在数学上的定义．

定义 2.1 对于数列 $\{x_n\}$，如果存在某个常数 A，使得对任意给定的正数 ε（无论它多小），总存在正整数 N，当 $n > N$ 时，满足不等式
$$|x_n - A| < \varepsilon,$$
那么常数 A 称为数列 $\{x_n\}$ 当 $n \to +\infty$ 时的极限，或称数列 $\{x_n\}$ 收敛于 A，记作 $\lim\limits_{n\to\infty} x_n = A$ 或 $x_n \to A$，$n \to \infty$．

如果这样的常数不存在，那么称数列 $\{x_n\}$ 为发散的．

不等式 $|x_n - A| < \varepsilon$ 等价于 $A - \varepsilon < x_n < A + \varepsilon$，从而得到数列 $\{x_n\}$ 极限的几何意义：对于任意给定的正数 ε，存在正整数 N，当 $n > N$ 时，对应的 $\{x_n\}$ 中就有无限多个点 $x_{N+1}, x_{N+2}, \cdots$ 落在区间 $(A - \varepsilon, A + \varepsilon)$ 内．

注 2.1 极限的定义不能用来求数列的极限，但可以用来验证某个常数是否为数列的极限．

例 2.1 用数列极限定义证明 $\lim\limits_{n\to\infty} \dfrac{1}{n^2} = 0$．

证明 对于 $\forall \varepsilon > 0$，要使 $|x_n - a| = \left|\dfrac{1}{n^2} - 0\right| < \varepsilon$，只要 $n^2 > \dfrac{1}{\varepsilon}$，即 $n > \sqrt{\dfrac{1}{\varepsilon}}$ 即可．取 $N = \left[\sqrt{\dfrac{1}{\varepsilon}}\right]$，则当 $n > N$ 时恒有 $\left|\dfrac{1}{n^2} - 0\right| < \varepsilon$ 成立，所以 $\lim\limits_{n\to\infty} \dfrac{1}{n^2} = 0$．

例 2.2 当 $0 < |q| < 1$ 时，证明：$\lim\limits_{n\to\infty} q^{n-1} = 0$．

证明 对于 $\forall \varepsilon > 0$，要使 $|x_n - a| = |q^{n-1} - 0| < \varepsilon$，只需 $|q|^{n-1} < \varepsilon$，即 $n > 1 + \dfrac{\ln \varepsilon}{\ln |q|}$，取 $N = \left[1 + \dfrac{\ln \varepsilon}{\ln |q|}\right]$，则当 $n > N$ 时恒有 $|q^{n-1} - 0| < \varepsilon$ 成立，所以 $\lim\limits_{n\to\infty} q^{n-1} = 0$，$0 < |q| < 1$．

二、数列极限的性质

定理 2.1(唯一性) 如果数列 $\{x_n\}$ 存在极限,那么它的极限必唯一.

证明 假设数列 $\{x_n\}$ 存在两个不相等的极限 a,b,且 $a<b$. 取 $\varepsilon=\dfrac{b-a}{2}>0$,则对于 $\lim\limits_{n\to\infty}x_n=a$,存在正整数 N_1,当 $n>N_1$ 时,有

$$|x_n-a|<\varepsilon=\frac{b-a}{2}. \tag{2.1}$$

对于 $\lim\limits_{n\to\infty}x_n=b$,存在正整数 N_2,当 $n>N_2$ 时,有

$$|x_n-b|<\varepsilon=\frac{b-a}{2}. \tag{2.2}$$

取 $N=\max\{N_1,N_2\}$,则当 $n>N$ 时,式(2.1)、式(2.2)同时成立. 由式(2.1)可得 $x_n<\dfrac{a+b}{2}$,由式(2.2)可得 $x_n>\dfrac{a+b}{2}$,两个不等式矛盾. 结论得证.

定理 2.2(有界性) 如果数列 $\{x_n\}$ 存在极限,那么数列 $\{x_n\}$ 必有界.

证明 设 $\lim\limits_{n\to\infty}x_n=a$. 取 $\varepsilon=1$,由定义 2.1 得,存在正整数 N,当 $n>N$ 时,有

$$|x_n-a|<1.$$

因为 $|x_n|=|(x_n-a)+a|\leqslant|x_n-a|+|a|$,所以当 $n>N$ 时,有

$$|x_n|\leqslant 1+|a|.$$

取

$$M=\max\{|a_1|,|a_2|,\cdots,|a_N|,1+|a|\},$$

则对任意的正整数 n,都有

$$|x_n|\leqslant M.$$

结论得证.

注 2.2 由定理 2.2 可知,若数列 $\{x_n\}$ 无界,则数列 $\{x_n\}$ 必发散.

定理 2.3(保序性) 设有两个数列 $\{x_n\}$ 和 $\{y_n\}$,$\lim\limits_{n\to\infty}x_n=a$,$\lim\limits_{n\to\infty}y_n=b$,且 $a<b$,则存在一个正整数 N,当 $n>N$ 时,$x_n<y_n$.

证明 取 $\varepsilon=\dfrac{b-a}{2}>0$,由定理 2.1 知,存在一个正整数 N,当 $n>N$ 时,有

$$|x_n-a|<\frac{b-a}{2}, \tag{2.3}$$

$$|y_n-a|<\frac{b-a}{2}. \tag{2.4}$$

利用式(2.3)可得 $x_n<\dfrac{a+b}{2}$,利用式(2.4)可得 $y_n>\dfrac{a+b}{2}$. 因此,当 $n>N$ 时,

$x_n < y_n$ 成立.

推论 2.1　设数列 $\{x_n\}$ 收敛于 a,且 $a > 0$,则必然存在一个正整数 N,当 $n > N$ 时,$x_n > 0$.

定理 2.4(保不等式性)　设有两个数列 $\{x_n\}$ 和 $\{y_n\}$,$\lim\limits_{n\to\infty} x_n = a$,$\lim\limits_{n\to\infty} y_n = b$,且存在一个正整数 N,当 $n > N$ 时,$x_n \geqslant y_n$ 成立,则必有 $a \geqslant b$.

推论 2.2　设 $\lim\limits_{n\to\infty} x_n = a$,且从某一项开始有 $x_n \geqslant 0$(或 $x_n \leqslant 0$),则必有 $a \geqslant 0$(或 $a \leqslant 0$).

定理 2.5(数列极限的运算法则)　设数列 $\{x_n\}$ 和 $\{y_n\}$ 均收敛,且 $\lim\limits_{n\to\infty} x_n = a$,$\lim\limits_{n\to\infty} y_n = b$,则:

(1) $\lim\limits_{n\to\infty}(a_n \pm b_n) = \lim\limits_{n\to\infty} a_n \pm \lim\limits_{n\to\infty} b_n = a \pm b$;

(2) $\lim\limits_{n\to\infty}(a_n \cdot b_n) = \lim\limits_{n\to\infty} a_n \cdot \lim\limits_{n\to\infty} b_n = ab$;

(3) $\lim\limits_{n\to\infty}\dfrac{a_n}{b_n} = \dfrac{\lim\limits_{n\to\infty} a_n}{\lim\limits_{n\to\infty} b_n} = \dfrac{a}{b}$,其中 $b \neq 0$.

第二节　函 数 极 限

由本章第一节的内容可知,数列 $\{x_n\}$ 可以视为自变量为正整数 n 的函数,即 $x_n = f(n)$. 因此,类似地定义函数 $y = f(x)$ 的极限.

一、$x \to +\infty$,$x \to -\infty$,$x \to \infty$ 时函数 $y = f(x)$ 的极限

定义 2.2　设函数 $f(x)$ 在 $(a, +\infty)$ 上有定义,如果存在常数 A,使得对于任意给定的正数 ε,都存在某正数 X,当 $x > X$ 时,有 $|f(x) - A| < \varepsilon$ 成立,则当 $x \to +\infty$ 时,$f(x)$ 存在极限 A,记作 $\lim\limits_{x\to+\infty} f(x) = A$,或记作 $f(x) \to A$,$x \to +\infty$.

如果这样的常数 A 不存在,则称 $x \to +\infty$ 时 $f(x)$ 发散.

例 2.3　证明:$\lim\limits_{x\to+\infty}\dfrac{1}{x^2} = 0$.

证明　由定义 2.2 可知,对任意的 $\varepsilon > 0$,要使 $\left|\dfrac{1}{x^2} - 0\right| < \varepsilon$,只要 $\dfrac{1}{x^2} < \varepsilon$,即 $x > \dfrac{1}{\sqrt{\varepsilon}}$,取 $X = \dfrac{1}{\sqrt{\varepsilon}}$,当 $x > X = \dfrac{1}{\sqrt{\varepsilon}}$ 时,有 $\left|\dfrac{1}{x^2} - 0\right| < \varepsilon$,即 $\lim\limits_{x\to+\infty}\dfrac{1}{x^2} = 0$.

定义 2.3　设函数 $f(x)$ 在 $(-\infty, a)$ 上有定义,如果存在常数 A,使得对于任意给定的正数 ε,都存在某正数 X,当 $x < -X$ 时,有 $|f(x) - A| < \varepsilon$ 成立,则当 $x \to -\infty$ 时,$f(x)$ 存在极限 A,记作 $\lim\limits_{x\to-\infty} f(x) = A$,或记作 $f(x) \to A$,$x \to -\infty$.

定义 2.4 设函数 $f(x)$ 在 $(-\infty, +\infty)$ 上有定义,如果存在常数 A,使得对于任意给定的正数 ε,都存在某正数 X,当 $|x| > X$ 时,有 $|f(x) - A| < \varepsilon$ 成立,则当 $x \to \infty$ 时,$f(x)$ 存在极限 A,记作 $\lim\limits_{x\to\infty} f(x) = A$,或记作 $f(x) \to A, x \to \infty$.

定理 2.6 $\lim\limits_{x\to\infty} f(x) = A$ 的充分必要条件是 $\lim\limits_{x\to +\infty} f(x) = \lim\limits_{x\to -\infty} f(x) = A$.

例 2.4 判断极限 $\lim\limits_{x\to\infty} \arctan x$ 是否存在.

解 因为 $\lim\limits_{x\to +\infty} \arctan x = \dfrac{\pi}{2}$,$\lim\limits_{x\to -\infty} \arctan x = -\dfrac{\pi}{2}$,所以 $\lim\limits_{x\to +\infty} \arctan x \neq \lim\limits_{x\to -\infty} \arctan x$,由定理 2.6 知 $\lim\limits_{x\to\infty} \arctan x$ 不存在.

用类似的方法可证明 $\lim\limits_{x\to\infty} e^x$ 也不存在.

二、$x \to x_0$ 时函数 $y = f(x)$ 的极限

定义 2.5 设函数 $f(x)$ 在点 x_0 的某空心邻域内有定义,若存在某个常数 A,使得对于任意给定的正数 ε,都存在正数 δ,当 $0 < |x - x_0| < \delta$ 时,有 $|f(x) - A| < \varepsilon$ 成立,则称当 $x \to x_0$ 时函数 $f(x)$ 存在极限,记作 $\lim\limits_{x\to x_0} f(x) = A$,或记作 $f(x) \to A, x \to x_0$.

如果这样的常数 A 不存在,则称 $x \to x_0$ 时 $f(x)$ 发散.

注 2.3 当 $x \to x_0$ 时 $f(x)$ 有无极限与在 x_0 有无定义、定义值为多少都无关.

注 2.4 只有 ε 给定后,才能确定相应的 δ,δ 是取决于 ε 的,并且 δ 不唯一.

注 2.5 $x \to x_0$ 表示从 x_0 的左右两侧同时趋近于 x_0,但不等于 x_0.

例 2.5 证明:$\lim\limits_{x\to x_0} C = C$,其中 C 为常数.

对任意的正数 ε,要使 $|f(x) - C| < \varepsilon$,只要 $|C - C| = 0 < \varepsilon$ 即可,由定义 2.5 知 $\lim\limits_{x\to x_0} C = C$.

例 2.6 证明:$\lim\limits_{x\to 1}(x+1) = 2$.

证明 对任意的正数 ε,要使 $|f(x) - A| = |(x+1) - 2| < \varepsilon$,只要 $|x - 1| < \varepsilon$ 即可,取 $\delta = \varepsilon$,当 $0 < |x - 1| < \delta = \varepsilon$ 时,恒有 $|f(x) - 2| = |(x+1) - 2| = |x - 1| < \varepsilon$ 成立. 由定义 2.5 可知 $\lim\limits_{x\to 1}(x+1) = 2$.

例 2.7 设 x_0 是任意实数,证明:$\lim\limits_{x\to x_0} \sin x = \sin x_0$.

证明 对任意的正数 ε,要使 $|f(x) - A| = |\sin x - \sin x_0| < \varepsilon$,只要

$$\left|\sin x - \sin x_0\right| = 2\left|\cos \dfrac{x + x_0}{2}\sin \dfrac{x - x_0}{2}\right| \leqslant 2\left|\sin \dfrac{x - x_0}{2}\right| \leqslant 2\left|\dfrac{x - x_0}{2}\right|$$

$$= |x - x_0| < \varepsilon$$

即可取正数 $\delta = \varepsilon$，则当 $0 < |x - x_0| < \delta = \varepsilon$ 时，有

$$|\sin x - \sin x_0| \leqslant |x - x_0| < \delta = \varepsilon$$

由定义 2.5 可知 $\lim\limits_{x \to x_0} \sin x = \sin x_0$.

下面给出函数的左、右极限的概念.

定义 2.6　设函数 $f(x)$ 在点 x_0 的某空心邻域内有定义，若存在常数 A，使得对于任意给定的正数 ε，存在正数 δ，当 $x_0 - \delta < x < x_0$ 时，有 $|f(x) - A| < \varepsilon$，则称当 $x \to x_0$ 时 $f(x)$ 存在左极限，记作 $\lim\limits_{x \to x_0^-} f(x) = A$ 或 $f(x_0^-) = A$.

定义 2.7　设函数 $f(x)$ 在点 x_0 的某空心邻域内有定义，若存在常数 A，使得对于任意给定的正数 ε，存在正数 δ，当 $x_0 < x < x_0 + \delta$ 时，有 $|f(x) - A| < \varepsilon$，则称当 $x \to x_0$ 时 $f(x)$ 存在右极限，记作 $\lim\limits_{x \to x_0^+} f(x) = A$ 或 $f(x_0^+) = A$.

定理 2.7　$\lim\limits_{x \to x_0} f(x) = A \Leftrightarrow$ 左极限 $f(x_0^-)$ 与右极限 $f(x_0^+)$ 都存在，且

$$f(x_0^-) = f(x_0^+) = A.$$

例 2.8　若 $f(x) = \begin{cases} x - 1, & x < 0, \\ 0, & x = 0, \\ x + 1, & x > 0, \end{cases}$　那么 $\lim\limits_{x \to 0} f(x)$ 是否存在？

解　因为 $\lim\limits_{x \to 0^+} f(x) = \lim\limits_{x \to 0^+} (x + 1) = 1$，$\lim\limits_{x \to 0^-} f(x) = \lim\limits_{x \to 0^-} (x - 1) = -1$，所以 $\lim\limits_{x \to 0^+} f(x) \neq \lim\limits_{x \to 0^-} f(x)$，由定理 2.7 可知 $\lim\limits_{x \to 0} f(x)$ 不存在.

三、函数极限的性质

下面研究当 $x \to x_0$ 时函数极限的性质，其他的极限过程的性质类似.

定理 2.8（唯一性）　如果极限 $\lim\limits_{x \to x_0} f(x)$ 存在，那么极限必唯一.

定理 2.9（局部有界性）　如果极限 $\lim\limits_{x \to x_0} f(x)$ 存在，则存在常数 m, M 及正数 δ，当 $0 < |x - x_0| < \delta$ 时，有 $m \leqslant f(x) \leqslant M$.

证明　设 $\lim\limits_{x \to x_0} f(x) = A$，则由定义 2.5 可知，对 $\varepsilon = 1$，存在一个正数 δ，当 $0 < |x - x_0| < \delta$ 时，恒有 $|f(x) - A| < 1$，即 $-1 \leqslant f(x) - A \leqslant 1$，也就是 $A - 1 \leqslant f(x) \leqslant A + 1$. 取 $m = A - 1, M = A + 1$，则有 $m \leqslant f(x) \leqslant M$.

定理 2.10（局部保序性）　如果 $\lim\limits_{x \to x_0} f(x) = A$，$\lim\limits_{x \to x_0} g(x) = B$，且 $A > B$，则存在正数 δ，当 $0 < |x - x_0| < \delta$ 时，有 $f(x) > g(x)$.

推论 2.3　如果 $\lim\limits_{x \to x_0} f(x) = A$，且 $A > 0$（或 $A < 0$），则必存在一个正数 δ，当 $0 < |x - x_0| < \delta$ 时，有 $f(x) > 0$（或 $f(x) < 0$）.

定理 2.11 如果 $\lim\limits_{x \to x_0} f(x) = A$，$\lim\limits_{x \to x_0} g(x) = B$，且存在某正数 δ，当 $0 < |x - x_0| < \delta$ 时，有 $f(x) \geqslant g(x)$（或 $f(x) \leqslant g(x)$），则有 $A \geqslant B$（或 $A \leqslant B$）.

推论 2.4 如果 $\lim\limits_{x \to x_0} f(x) = A$，且存在一个正数 δ，当 $0 < |x - x_0| < \delta$ 时，有 $f(x) \geqslant 0$（或 $f(x) \leqslant 0$），则有 $A \geqslant 0$（或 $A \leqslant 0$）.

定理 2.12（四则运算法则） 设 $\lim\limits_{x \to x_0} f(x) = A$，$\lim\limits_{x \to x_0} g(x) = B$，则：

$(1)\ \lim\limits_{x \to x_0} [f(x) \pm g(x)] = \lim\limits_{x \to x_0} f(x) \pm \lim\limits_{x \to x_0} g(x) = A \pm B$；

$(2)\ \lim\limits_{x \to x_0} [f(x) \cdot g(x)] = \lim\limits_{x \to x_0} f(x) \cdot \lim\limits_{x \to x_0} g(x) = AB$；

$(3)\ \lim\limits_{x \to x_0} \dfrac{f(x)}{g(x)} = \dfrac{\lim\limits_{x \to x_0} f(x)}{\lim\limits_{x \to x_0} g(x)} = \dfrac{A}{B}$，其中 $B \neq 0$.

由 (2) 得 $\lim\limits_{x \to x_0} f^n(x) = \lim\limits_{x \to x_0} f(x) \cdot \cdots \cdot \lim\limits_{x \to x_0} f(x) = \left[\lim\limits_{x \to x_0} f(x)\right]^n$.

$\lim\limits_{x \to x_0} [kf(x)] = \lim\limits_{x \to x_0} k \cdot \lim\limits_{x \to x_0} f(x) = k \lim\limits_{x \to x_0} f(x)$.

例 2.9 求极限 $\lim\limits_{x \to 0} (x^2 + 2x - 1)$.

解 由极限的四则运算法则

$$
\begin{aligned}
\lim_{x \to 0} (x^2 + 2x - 1) &= \lim_{x \to 0} x^2 + \lim_{x \to 0} 2x - \lim_{x \to 0} 1 \\
&= \lim_{x \to 0} x^2 + 2\lim_{x \to 0} x - 1 \\
&= (\lim_{x \to 0} x)^2 + 2 \times 0 - 1 \\
&= 5 \times 0^2 + 3 \times 0 - 1 = -1.
\end{aligned}
$$

注 2.6 对多项式函数 $P_n(x) = a_0 x^n + a_1 x^{n-1} + a_2 x^{n-2} + \cdots + a_{n-1} x + a_n$，$a_0 \neq 0$，有

$$
\lim_{x \to x_0} P_n(x) = a_0 x_0^n + a_1 x_0^{n-1} + a_2 x_0^{n-2} + \cdots + a_{n-1} x_0 + a_n = p_n(x_0).
$$

例 2.10 求极限 $\lim\limits_{x \to 1} \dfrac{x^2 - 2x}{x + 2}$.

解 由于分母的极限 $\lim\limits_{x \to 1} (x + 2) = 3 \neq 0$，因此可以直接利用定理 2.12，即

$$
\lim_{x \to 1} \frac{x^2 - 2x}{x + 2} = \frac{\lim\limits_{x \to 1}(x^2 - 2x)}{\lim\limits_{x \to 1}(x + 2)} = \frac{\lim\limits_{x \to 1} x^2 - 2\lim\limits_{x \to 1} x}{\lim\limits_{x \to 1}(x + 2)} = -\frac{1}{3}.
$$

例 2.11 求极限 $\lim\limits_{x \to 1} \dfrac{x^2 + x - 2}{x - 1}$.

解 因为分母 $x - 1$ 在 $x = 1$ 处没有定义，所以不能直接利用定理 2.12. 这种情况应该先对分子分母进行因式分解，然后化简再求极限.

$$
\lim_{x \to 1} \frac{x^2 + x - 2}{x - 1} = \lim_{x \to 1} \frac{(x - 1)(x + 2)}{x - 1} = \lim_{x \to 1} (x + 2) = 3.
$$

定理 2.13（求复合函数极限的运算法则） 设 $\lim\limits_{x\to x_0}\varphi(x)=a$，且在点 x_0 的某去心邻域内 $\varphi(x)\neq a$，$\lim\limits_{u\to a}f(u)=A$，则复合函数 $y=f[\varphi(x)]$ 在 $x\to x_0$ 时存在极限，且

$$\lim_{x\to x_0}f[\varphi(x)]=\lim_{u\to a}f(u)=A.$$

例 2.12 求极限 $\lim\limits_{x\to 2}\sin(x^2+1)$.

解 令 $u=x^2+1$，则 $y=\sin(x^2+1)$ 可以视为由函数 $y=\sin u$ 和函数 $u=x^2+1$ 复合而成. 又

$$\lim_{x\to 2}u=\lim_{x\to 2}(x^2+1)=5,$$

$$\lim_{u\to 5}\sin u=\sin 5.$$

于是，由定理 2.13 知，$\lim\limits_{x\to 2}\sin(x^2+1)=\lim\limits_{u\to 5}\sin u=\sin 5$.

第三节 极限存在准则与两个重要极限

一、夹逼准则及重要极限 1

定理 2.14（数列的夹逼准则） 设数列 $\{x_n\}$，$\{y_n\}$，$\{z_n\}$ 满足：

(1) 存在一个正整数 N_1，当 $n>N_1$ 时，有 $x_n\leqslant y_n\leqslant z_n$；

(2) $\lim\limits_{n\to\infty}x_n=\lim\limits_{n\to\infty}z_n=a$.

则有

$$\lim_{n\to\infty}y_n=a.$$

证明 由 $\lim\limits_{n\to\infty}x_n=\lim\limits_{n\to\infty}z_n=a$ 可知，对任意的 $\varepsilon>0$，存在正整数 N_1，当 $n>N_1$ 时

$$|x_n-a|<\varepsilon,\quad |z_n-a|<\varepsilon.$$

所以

$$a-\varepsilon<x_n<a+\varepsilon,\quad a-\varepsilon<z_n<a+\varepsilon.$$

取 $N'=\max\{N,N_1\}$，当 $n>N'$ 时有 $a-\varepsilon<x_n\leqslant y_n\leqslant z_n<a+\varepsilon$. 也就是当 $n>N'$ 时，有

$$a-\varepsilon<y_n<a+\varepsilon,$$

即

$$|y_n-a|<\varepsilon,$$

所以

$$\lim_{n\to\infty}y_n=a.$$

定理 2.15(函数的夹逼准则) 设函数 $f(x),g(x),h(x)$ 满足：

(1)当 $x \in \overset{\circ}{U}(x_0)$ 时,有 $g(x) \leqslant f(x) \leqslant h(x)$；

(2)$\lim\limits_{x \to x_0} g(x) = \lim\limits_{x \to x_0} h(x) = A$.

则

$$\lim\limits_{x \to x_0} f(x) = A.$$

对于函数的其他极限过程,定理 2.15 也成立.

例 2.13 求极限 $\lim\limits_{n \to \infty} \left(\dfrac{1}{1 + n + n^2} + \dfrac{1}{2 + n + n^2} + \cdots + \dfrac{1}{n + n + n^2} \right)$.

解 因为

$$\frac{1}{1 + n + n^2} + \frac{1}{2 + n + n^2} + \cdots + \frac{1}{n + n + n^2} \leqslant \frac{1 + 2 + \cdots + n}{n^2 + n + 1} = \frac{n^2 + n}{2(n^2 + n + 1)},$$

$$\frac{1}{1 + n + n^2} + \frac{1}{2 + n + n^2} + \cdots + \frac{1}{n + n + n^2} \geqslant \frac{1 + 2 + \cdots + n}{n^2 + n + n} = \frac{n^2 + n}{2(n^2 + n + n)},$$

又

$$\lim\limits_{n \to \infty} \frac{n^2 + n}{2(n^2 + n + 1)} = \lim\limits_{n \to \infty} \frac{n^2 + n}{2(n^2 + n + n)} = \frac{1}{2},$$

所以

$$\lim\limits_{n \to \infty} \left(\frac{1}{1 + n + n^2} + \frac{1}{2 + n + n^2} + \cdots + \frac{1}{n + n + n^2} \right) = \frac{1}{2}.$$

例 2.14 求极限 $\lim\limits_{n \to \infty} \sqrt[n]{2^n + 3^n}$.

解 因为 $3 = \sqrt[n]{3^n} < \sqrt[n]{2^n + 3^n} < \sqrt[n]{3^n + 3^n} = 3\sqrt[n]{2}$,且 $\lim\limits_{n \to \infty} 3\sqrt[n]{2} = 3$,所以 $\lim\limits_{n \to \infty} \sqrt[n]{2^n + 3^n} = 3$.

注 2.7 一般地,$\lim\limits_{n \to \infty} \sqrt[n]{a_1^n + a_2^n + \cdots + a_m^n} = \max\{a_1, a_2, \cdots, a_m\}$,$a_i > 0, i = 1, 2, \cdots, m$.

下面利用夹逼准则来证明重要极限 $1:\lim\limits_{x \to 0} \dfrac{\sin x}{x} = 1$.

函数 $\dfrac{\sin x}{x}$ 的定义域为非零实数集. 在图 2 - 2 所示的单位圆中,设圆心角 $\angle AOB = x, 0 < x < \dfrac{\pi}{2}$,过点 A 的切线与 OB 的延长线相交于 D,作 $BC \perp OA$,因此

$$\sin x = |BC|, \quad x = \overset{\frown}{AB}, \quad \tan x = |AD|.$$

由图 2 - 3 可知 ΔAOB 的面积、扇形 AOB 的面积、ΔAOD 的面积,即

$$\frac{1}{2}\sin x < \frac{1}{2}x < \frac{1}{2}\tan x,$$

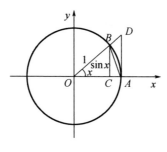

图 2 - 2

整理得

$$\sin x < x < \tan x.$$

上式除以 $\sin x$ 可得 $1 < \dfrac{x}{\sin x} < \dfrac{1}{\cos x}$,即有

$$\cos x < \frac{\sin x}{x} < 1. \tag{2.5}$$

如果 $x < 0$,则 $-x > 0$,类似可证.

又 $\lim\limits_{x \to 0} \cos x = 1$,而 $\lim\limits_{x \to 0} 1 = 1$,因此对式(2.5)由定理 2.15 可知

$$\lim_{x \to 0} \frac{\sin x}{x} = 1.$$

例 2.15 求极限$\lim\limits_{x \to 0} \dfrac{\sin 2x}{x}$.

解 $\lim\limits_{x \to 0} \dfrac{\sin 2x}{x} = 2\lim\limits_{x \to 0} \dfrac{\sin 2x}{2x} = 2.$

例 2.16 求极限$\lim\limits_{x \to 0} \dfrac{1 - \cos 2x}{x \sin x}$.

解 $\lim\limits_{x \to 0} \dfrac{1 - \cos 2x}{x \sin x} = \lim\limits_{x \to 0} \dfrac{2\sin^2 x}{x \sin x} = 2\lim\limits_{x \to 0} \dfrac{\sin x}{x} = 2.$

例 2.17 求极限$\lim\limits_{x \to 0} \dfrac{\arctan x}{x}$.

解 令 $t = \arctan x$,则 $x = \tan t$,且当 $x \to 0$ 时,$t \to 0$. 于是

$$\lim_{x \to 0} \frac{\arctan x}{x} = \lim_{t \to 0} \frac{t}{\tan t} = \lim_{t \to 0} \frac{1}{\dfrac{\tan t}{t}} = \frac{1}{\lim\limits_{t \to 0} \dfrac{\tan t}{t}} = \frac{1}{1} = 1.$$

注 2.8 重要极限 1 的复合函数形式也成立,即

15

$$\lim_{u(x)\to 0}\frac{\sin u(x)}{u(x)}=1.$$

二、单调有界收敛准则及重要极限 2

如果数列 $\{x_n\}$ 满足条件

$$x_1 \leqslant x_2 \leqslant \cdots \leqslant x_n \leqslant x_{n+1} \leqslant \cdots,$$

则称该数列为单调增加数列.

如果数列 $\{x_n\}$ 满足条件

$$x_1 \geqslant x_2 \geqslant \cdots \geqslant x_n \geqslant x_{n+1} \geqslant \cdots,$$

则称该数列为单调减少数列.

单调增加数列与单调减少数列统称为单调数列.

定理 2.16 单调有界数列必存在极限.

利用单调有界收敛准则可以推出重要极限 2：

$$\lim_{x\to\infty}\left(1+\frac{1}{x}\right)^x = \mathrm{e}.$$

先证明数列 $\left\{\left(1+\frac{1}{n}\right)^n\right\}$ 的极限存在. 设 $x_n=\left(1+\frac{1}{n}\right)^n$，下面证明 x_n 单调

增加且有界. 对 $x_n=\left(1+\frac{1}{n}\right)^n$，利用二项式展开公式可得

$$x_n = \left(1+\frac{1}{n}\right)^n$$

$$= 1+\frac{n}{1!}\cdot\frac{1}{n}+\frac{n(n-1)}{2!}\cdot\frac{1}{n^2}+\cdots+\frac{n(n-1)\cdot\cdots\cdot(n-n+1)}{n!}\cdot\frac{1}{n^n}$$

$$= 1+1+\frac{1}{2!}\left(1-\frac{1}{n}\right)+\cdots+\frac{1}{n!}\left(1-\frac{1}{n}\right)\left(1-\frac{2}{n}\right)\cdot\cdots\cdot\left(1-\frac{n-1}{n}\right).$$

同理有

$$x_{n+1} = 1+1+\frac{1}{2!}\left(1-\frac{1}{n+1}\right)+\cdots+$$

$$\frac{1}{n!}\left(1-\frac{1}{n+1}\right)\left(1-\frac{2}{n+2}\right)\cdot\cdots\cdot\left(1-\frac{n-1}{n+1}\right)+$$

$$\frac{1}{(n+1)!}\left(1-\frac{1}{n+1}\right)\left(1-\frac{2}{n+2}\right)\cdot\cdots\cdot\left(1-\frac{n}{n+1}\right).$$

由以上两个展开式可得 $x_{n+1}>x_n$，所以数列 $\{x_n\}$ 单调增加.

下面证数列 $\{x_n\}$ 有界. 由 x_n 的展开式易得

$$x_n < 1+1+\frac{1}{2!}+\cdots+\frac{1}{n!} < 1+1+\frac{1}{2}+\cdots+\frac{1}{2^{n-1}} = 3-\frac{1}{2^{n-1}} < 3.$$

所以数列 $\{x_n\}$ 有界.

由定理 2.16 可知, 数列 $\{x_n\}$ 存在极限, 数学上记该极限为 $e(e = 2.71828\cdots)$, 即

$$\lim_{n \to \infty} \left(1 + \frac{1}{n}\right)^n = e.$$

当 $x \to +\infty$ 或 $x \to -\infty$ 时, 函数 $\left(1 + \frac{1}{x}\right)^x$ 的极限都存在且等于 e. 因此

$$\lim_{x \to \infty} \left(1 + \frac{1}{x}\right)^x = e. \tag{2.6}$$

若令 $t = \frac{1}{x}$, 则当 $x \to \infty$ 时, $t \to 0$, 式(2.6)又可以表示为

$$\lim_{t \to 0} (1 + t)^{\frac{1}{t}} = e.$$

例2.18 求极限 $\lim\limits_{x \to \infty} \left(1 - \frac{1}{2x}\right)^x$.

解 $\lim\limits_{x \to \infty} \left(1 - \frac{1}{2x}\right)^x = \lim\limits_{x \to \infty} \left[\left(1 + \frac{1}{-2x}\right)^{-2x}\right]^{-\frac{1}{2}} = \lim\limits_{x \to \infty} \left[\dfrac{1}{\left(1 + \dfrac{1}{-2x}\right)^{-2x}}\right]^{-\frac{1}{2}} = \dfrac{1}{\sqrt{e}}$.

例2.19 求 $\lim\limits_{x \to \infty} \left(\dfrac{1+x}{x}\right)^{2x}$.

解 $\lim\limits_{x \to \infty} \left(\dfrac{1+x}{x}\right)^{2x} = \lim\limits_{x \to \infty} \left[\left(1 + \dfrac{1}{x}\right)^x\right]^2 = e^2$.

例2.20 求 $\lim\limits_{x \to 0} \left(1 + \dfrac{x}{3}\right)^{\frac{1}{2x}}$.

解 $\lim\limits_{x \to 0} \left(1 + \dfrac{x}{3}\right)^{\frac{1}{2x}} = \lim\limits_{x \to 0} \left[\left(1 + \dfrac{x}{3}\right)^{\frac{3}{x}}\right]^{\frac{1}{6}} = \left[\lim\limits_{x \to 0} \left(1 + \dfrac{x}{3}\right)^{\frac{3}{x}}\right]^{\frac{1}{6}} = e^{\frac{1}{6}}$.

注2.9 重要极限 2 的复合函数形式也成立, 即 $\lim\limits_{u(x) \to \infty} \left(1 + \dfrac{1}{u(x)}\right)^{u(x)} = e$ 或 $\lim\limits_{v(x) \to 0} (1 + v(x))^{\frac{1}{v(x)}} = e$.

第四节　无穷小量与无穷大量

在研究变量的变化趋势时, 有两类具有特殊变化趋势的变量: 一类是趋近于 0 的变量, 另一类是绝对值趋近于无限大的变量. 这两种变量在求极限中具有特殊的地位.

一、无穷小量

定义 2.8 如果在某一极限过程下,函数 $f(x)$ 以零为极限,则称 $f(x)$ 是该极限过程下的无穷小量,简称无穷小.

注 2.10 (1)无穷小量是一个变量,而不是一个常数;

(2)无穷小量与自变量的变化过程有密切关系,例如当 $x \to 0$ 时,$f(x) = x$ 是无穷小量;但当 $x \to 1$ 时,$f(x) = x$ 不是无穷小量.

为了便于讨论,本节以 $x \to x_0$ 这个极限过程为例,其他的极限过程类似.

定理 2.17 当 $x \to x_0$ 时,极限 $\lim\limits_{x \to x_0} f(x) = A$ 的充分必要条件是 $f(x) = A + \alpha$,其中 α 是 $x \to x_0$ 时的无穷小量,即 $\lim\limits_{x \to x_0} f(x) = A \Leftrightarrow f(x) = A + \alpha$.

证明 必要性:令 $f(x) - A = \alpha$,由 $\lim\limits_{x \to x_0} f(x) = A$ 可得

$$\lim_{x \to x_0} \alpha = \lim_{x \to x_0} [f(x) - A] = \lim_{x \to x_0} f(x) - A = A - A = 0.$$

因此,α 是 $x \to x_0$ 时的无穷小量,且由 $f(x) - A = \alpha$ 可知 $f(x) = A + \alpha$.

充分性:因为 $f(x) = A + \alpha$,α 是 $x \to x_0$ 时的无穷小,则有

$$\lim_{x \to x_0} f(x) = \lim_{x \to x_0} (A + \alpha) = A + \lim_{x \to x_0} \alpha = A.$$

定理 2.17 揭示了函数的极限与无穷小量之间的关系.

二、无穷小量的性质

定理 2.18 设 α, β 是 $x \to x_0$ 时的无穷小量,则 $\alpha \pm \beta$,$\alpha\beta$ 仍是 $x \to x_0$ 时的无穷小量.

定理 2.19 无穷小量与有界变量的乘积仍为同一极限过程下的无穷小量.

证明 设函数 $f(x)$ 在点 x_0 的某一去心邻域 $\mathring{U}(x_0, \delta)$ 内有界,即存在正数 M,对 $\forall x \in \mathring{U}(x_0, \delta)$,有 $|f(x)| \leq M$. 设 α 为 $x \to x_0$ 时的无穷小量,即 $\lim\limits_{x \to x_0} \alpha = 0$,对任意的 $\varepsilon > 0$,存在 $\delta' > 0$,当 $0 < |x - x_0| < \delta'$ 时,有 $|\alpha| < \dfrac{\varepsilon}{M}$. 取 $\delta_0 = \min\{\delta, \delta'\}$,则当 $x \in \mathring{U}(x_0, \delta_0)$ 时,有 $|\alpha f(x)| = |\alpha| \cdot |f(x)| < \dfrac{\varepsilon}{M} \cdot M = \varepsilon$.

于是有 $\lim\limits_{x \to x_0} \alpha f(x) = 0$,即 $\alpha f(x)$ 是 $x \to x_0$ 时的无穷小量.

三、无穷小量的阶

定义 2.9 设 α, β 是 $x \to x_0$ 时的无穷小量,且 $\alpha \neq 0$.

（1）如果 $\lim\limits_{x \to x_0} \dfrac{\beta}{\alpha} = 0$，则称 β 是比 α 高阶的无穷小量（也可以称 α 是比 β 低阶的无穷小量），记作 $\beta = o(\alpha)$；

（2）如果 $\lim\limits_{x \to x_0} \dfrac{\beta}{\alpha} = C \neq 0$，则称 β 与 α 是同阶无穷小量；

（3）如果 $\lim\limits_{x \to x_0} \dfrac{\beta}{\alpha^k} = C \neq 0$，则称 β 是关于 α 的 k 阶无穷小量，其中 k 是正实数；

（4）如果 $\lim\limits_{x \to x_0} \dfrac{\beta}{\alpha} = 1$，则称 β 与 α 是等价无穷小量，记作 $\alpha \sim \beta$.

无穷小量的阶数体现了两个无穷小量之间趋于 0 的速度快慢.

例 2.21　当 $x \to 0$ 时，$2x - x^2$ 和 $x^2 - x^3$ 哪一个是高阶无穷小量？

解　因为 $\lim\limits_{x \to 0} \dfrac{2x - x^2}{x^2 - x^3} = \infty$，所以 $x^2 - x^3$ 是 $x \to 0$ 时的高阶无穷小量.

例 2.22　当 $x \to 0$ 时，$\sin 2x$ 与 x 是否同阶？是否等价？

解　因为 $\lim\limits_{x \to 0} \dfrac{\sin 2x}{x} = 2$，所以 $\sin 2x$ 与 x 是同阶但不等价的无穷小量.

四、利用等价无穷小量求极限

在求极限的过程中可以利用等价无穷小量化简被求极限的式，以达到降低计算量的目的.

定理 2.20　当 $x \to x_0$ 时 $\alpha, \alpha', \beta, \beta'$ 都是无穷小量，且 $\alpha \sim \alpha'$，$\beta \sim \beta'$，$\lim\limits_{x \to x_0} \dfrac{\beta'}{\alpha'}$ 存在，则有

$$\lim_{x \to x_0} \frac{\beta}{\alpha} = \lim_{x \to x_0} \frac{\beta'}{\alpha'}.$$

证明　$\lim\limits_{x \to x_0} \dfrac{\beta}{\alpha} = \lim\limits_{x \to x_0} \left(\dfrac{\beta}{\beta'} \cdot \dfrac{\beta'}{\alpha'} \cdot \dfrac{\alpha'}{\alpha} \right) = \lim\limits_{x \to x_0} \dfrac{\beta}{\beta'} \cdot \lim\limits_{x \to x_0} \dfrac{\beta'}{\alpha'} \cdot \lim\limits_{x \to x_0} \dfrac{\alpha'}{\alpha} = \lim\limits_{x \to x_0} \dfrac{\beta'}{\alpha'}.$

注 2.11　只有在积和商这两种运算下才可以用等价无穷小量替换.

经常用到的等价无穷小量：当 $x \to 0$ 时，有 $\sin x \sim x$；$\tan x \sim x$；$\arcsin x \sim x$；$\arctan x \sim x$；$1 - \cos x \sim \dfrac{x^2}{2}$；$\sqrt[n]{1 + x} - 1 \sim \dfrac{1}{n} x$；$\ln(1 + x) \sim x$.

例 2.23　求极限 $\lim\limits_{x \to 0} \dfrac{\sin 3x}{\tan 5x}$.

解　由于 $x \to 0$ 时，$\tan 5x \sim 5x$，$\sin 3x \sim 3x$，因此

$$\lim_{x \to 0} \frac{\sin 3x}{\tan 5x} = \lim_{x \to 0} \frac{3x}{5x} = \frac{3}{5}.$$

例 2.24 求极限 $\lim\limits_{n \to \infty} n\sin\dfrac{1}{n}$.

解 由于 $n \to \infty$ 时，$\sin\dfrac{1}{n} \sim \dfrac{1}{n}$，因此 $\lim\limits_{n \to \infty} n\sin\dfrac{1}{n} = \lim\limits_{n \to \infty}\left(n \cdot \dfrac{1}{n}\right) = 1$.

例 2.25 求极限 $\lim\limits_{x \to 0} \dfrac{\tan x - \sin x}{\sin^3 x}$.

解 $\lim\limits_{x \to 0} \dfrac{\tan x - \sin x}{\sin^3 x} = \lim\limits_{x \to 0} \dfrac{\sin x(1 - \cos x)}{x^3 \cos x} = \lim\limits_{x \to 0} \dfrac{\dfrac{x^2}{2}}{x^2} = \dfrac{1}{2}$.

五、无穷大量

定义 2.10 如果当 $x \to x_0$ 时，$|f(x)|$ 无限增大，则称 $f(x)$ 是 $x \to x_0$ 的无穷大量，简称无穷大，记作 $\lim\limits_{x \to x_0} f(x) = \infty$.

注 2.12 （1）定义 2.10 对于函数的其他极限过程也适用；

（2）无穷大量是一个变量，而不是一个常数；

（3）无穷大量与极限过程有关.

在定义 2.10 中，如果 $\lim\limits_{x \to x_0} f(x) = +\infty$，则称函数 $f(x)$ 为 $x \to x_0$ 的正无穷大量；如果 $\lim\limits_{x \to x_0} f(x) = -\infty$，则称函数 $f(x)$ 为 $x \to x_0$ 的负无穷大量.

定理 2.21 当 $x \to x_0$ 时，如果 $f(x)$ 为无穷大量，则 $\dfrac{1}{f(x)}$ 为无穷小量；反之，如果 $f(x)$ 为无穷小量，且 $f(x) \neq 0$，则 $\dfrac{1}{f(x)}$ 为无穷大量.

例 2.26 求下列极限：

（1）$\lim\limits_{x \to \infty} \dfrac{2x^3 + 4x^2 + 2}{6x^3 + 5x^2 - 3}$;

（2）$\lim\limits_{x \to \infty} \dfrac{x^2 - 2x - 1}{2x^3 - x^2 + 5}$;

（3）$\lim\limits_{x \to \infty} \dfrac{2x^3 - x^2 + 5}{x^2 - 2x - 1}$.

解 （1）原式分子、分母同时除以 x^3 可得

$$\lim\limits_{x \to \infty} \dfrac{2x^3 + 4x^2 + 2}{6x^3 + 5x^2 - 3} = \lim\limits_{x \to \infty} \dfrac{2 + \dfrac{4}{x} + \dfrac{2}{x^3}}{6 + \dfrac{5}{x} - \dfrac{3}{x^3}} = \dfrac{2}{6} = \dfrac{1}{3}.$$

（2）原式分子、分母同时除以 x^3 可得

$$\lim_{x \to \infty} \frac{x^2 - 2x - 1}{2x^3 - x^2 + 5} = \lim_{x \to \infty} \frac{\dfrac{1}{x} - \dfrac{2}{x^2} - \dfrac{1}{x^3}}{2 - \dfrac{1}{x} + \dfrac{5}{x^3}} = \frac{0}{2} = 0.$$

（3）由（2）知，$\dfrac{2x^3 - x^2 + 5}{x^2 - 2x - 1}$ 的倒数的极限 $\lim\limits_{x \to \infty} \dfrac{x^2 - 2x - 1}{2x^3 - x^2 + 5} = 0$，即 $x \to \infty$ 时，

$\dfrac{2x^3 - x^2 + 5}{x^2 - 2x - 1}$ 是无穷小量，因此由定理 2.21 知

$$\lim_{x \to \infty} \frac{2x^3 - x^2 + 5}{x^2 - 2x - 1} = \infty.$$

例 2.26 的结果可推广到一般有理函数的情形，即

$$\lim_{x \to \infty} \frac{a_0 x^m + a_1 x^{m-1} + \cdots + a_m}{b_0 x^n + b_1 x^{n-1} + \cdots + b_n} = \begin{cases} \dfrac{a_0}{b_0}, & n = m, \\ 0, & n > m, \\ \infty, & n < m. \end{cases}$$

式中，$a_0 \neq 0$；$b_0 \neq 0$；m 和 n 为非负整数.

第五节　函数的连续性

一、函数连续的概念

定义 2.11（增量）　设变量 u 初始值为 u_1，终值为 u_2，称终值与初始值的差 $u_2 - u_1$ 为变量 u 的增量，记作 Δu，即 $\Delta u = u_2 - u_1$.

注 2.13　Δu 虽称为增量，但其可取正值也可取负值，还可取 0.

设函数 $y = f(x)$ 在点 x_0 的某邻域内有定义. 当自变量 x 在该邻域内从 x_0 处取得增量 Δx 而变成 $x = x_0 + \Delta x$ 时，相应的函数值也由 $f(x_0)$ 变为 $f(x_0 + \Delta x)$，那么函数值的增量为

$$\Delta y = f(x_0 + \Delta x) - f(x_0) = f(x) - f(x_0).$$

定义 2.12（连续性）　设函数 $y = f(x)$ 在点 x_0 的某一邻域 $U(x_0)$ 内有定义，且 $x_0 + \Delta x \in U(x_0)$，若当 Δx 趋于零时，对应的函数值的增量 $\Delta y = f(x_0 + \Delta x) - f(x_0)$ 也趋于零，即有 $\lim\limits_{\Delta x \to 0} \Delta y = 0$，则称函数 $y = f(x)$ 在点 x_0 处连续.

注 2.14　$\lim\limits_{\Delta x \to 0} \Delta y = 0$ 等价于 $\lim\limits_{x \to x_0} f(x) = f(x_0)$.

定义 2.13（单侧连续性）　若 $\lim\limits_{x \to x_0^-} f(x) = f(x_0)$，则称函数 $f(x)$ 在点 x_0 处

左连续;若 $\lim_{x \to x_0^+} f(x) = f(x_0)$,则称函数 $f(x)$ 在点 x_0 处右连续.

定理 2.22 函数 $f(x)$ 在点 x_0 连续的充分必要条件是函数 $f(x)$ 在点 x_0 处既左连续,又右连续,即

$$\lim_{x \to x_0} f(x) = f(x_0) \Leftrightarrow \lim_{x \to x_0^-} f(x) = f(x_0) = \lim_{x \to x_0^+} f(x).$$

例 2.27 讨论函数

$$f(x) = \begin{cases} x, & x \leqslant 0, \\ x\sin\dfrac{1}{x}, & x > 0 \end{cases}$$

在 $x = 0$ 处的连续性.

解 因为 $\lim_{x \to 0^-} f(x) = \lim_{x \to 0^-} x = 0$,$\lim_{x \to 0^-} f(x) = \lim_{x \to 0^-} x\sin\dfrac{1}{x} = 0$,而 $f(0) = 0$,所以 $f(x)$ 在 $x = 0$ 处连续.

例 2.28 若函数 $f(x) = \begin{cases} -2x+1, & x \leqslant 1, \\ x-a, & x > 1 \end{cases}$ 在 $x = 1$ 处连续,求 a.

解 因为 $\lim_{x \to 1^-} f(x) = \lim_{x \to 1^-} (-2x+1) = -1$,$\lim_{x \to 1^+} f(x) = \lim_{x \to 1^+} (x-a) = 1-a$,$f(1) = -1$,要使函数 $f(x)$ 在 $x = 1$ 处连续,只需满足 $-1 = 1-a$,即 $a = 2$ 即可.

定义 2.14 若函数 $f(x)$ 在某区间上的每一点处都连续,则称函数 $f(x)$ 在该区间上连续,或称 $f(x)$ 为该区间上的连续函数.

注 2.15 若函数 $f(x)$ 在闭区间上连续,那么在端点处的连续性只能是单侧连续,即在左端点处右连续,在右端点处左连续.

例 2.29 证明:函数 $y = \sin x$ 在区间 $(-\infty, +\infty)$ 内连续.

证明 对 $\forall x_0 \in (-\infty, +\infty)$,因为 $\Delta y = \sin(x_0 + \Delta x) - \sin x_0 = 2\sin\dfrac{\Delta x}{2}$ $\cos\left(x_0 + \dfrac{\Delta x}{2}\right)$,所以 $\lim_{\Delta x \to 0} \Delta y = \lim_{\Delta x \to 0} 2\sin\dfrac{\Delta x}{2}\cos\left(x_0 + \dfrac{\Delta x}{2}\right) = \lim_{\Delta x \to 0}\left(2 \cdot \dfrac{\Delta x}{2}\right) \cdot$ $\lim_{\Delta x \to 0}\cos\left(x_0 + \dfrac{\Delta x}{2}\right) = 0.$

因此函数 $y = \sin x$ 在点 x_0 处连续. 由 x_0 的任意性可知函数 $y = \sin x$ 在区间 $(-\infty, +\infty)$ 内连续.

二、函数的间断点

定义 2.15 如果函数 $f(x)$ 在点 x_0 处不满足连续的定义,则称点 x_0 为间断点.

由连续的定义知间断点可能是函数没有定义的点;也可能是函数没有极

限的点;还可能是函数在该点有定义和存在极限,但是二者不相等的点.据此把间断点分为以下两类:

(1)若左、右极限都存在,则称 $x = x_0$ 为第一类间断点;若左、右极限都存在且相等(即 $\lim\limits_{x \to x_0} f(x)$ 存在),但 $f(x)$ 在 $x = x_0$ 没有定义或有定义但 $\lim\limits_{x \to x_0} f(x) \neq f(x_0)$,称 $x = x_0$ 为第一类的可去间断点;若左、右极限都存在但不相等,则称 $x = x_0$ 为第一类的跳跃间断点.

(2)若左、右极限至少有一个不存在,则称 $x = x_0$ 为第二类间断点;若左、右极限至少有一个是无穷大,则称 $x = x_0$ 为第二类的无穷间断点.

例 2.30 试判断函数 $y = \dfrac{x^2 - 9}{x - 3}$ 在点 $x = 3$ 处的间断点类型.

解 函数 $y = \dfrac{x^2 - 9}{x - 3}$ 在 $x = 3$ 处没有定义,因此点 $x = 3$ 是它的间断点.但

$$\lim_{x \to 3} \frac{x^2 - 9}{x - 3} = \lim_{x \to 3} (x + 3) = 6.$$

由定义 2.15 可知点 $x = 3$ 为函数 $y = \dfrac{x^2 - 9}{x - 3}$ 的可去间断点.如果补充定义 $f(3) = 6$,则函数 $f(x) = \begin{cases} \dfrac{x^2 - 9}{x - 3}, x \neq 3, \\ 6, x = 3 \end{cases}$ 在 $x = 3$ 处连续.

例 2.31 设函数 $f(x) = \begin{cases} x - 1, x \leqslant 1, \\ 3 - x, x > 1, \end{cases}$ 试判断 $x = 1$ 的间断点类型.

解 因为 $\lim\limits_{x \to 1^+} f(x) = \lim\limits_{x \to 1^+} (3 - x) = 2$,$\lim\limits_{x \to 1^-} f(x) = \lim\limits_{x \to 1^-} (x - 1) = 0$,所以由定义 2.15 可知点 $x = 1$ 为第一类的跳跃间断点.

例 2.32 正切函数 $y = \tan x$ 在 $x = \dfrac{\pi}{2}$ 处没有定义,因此点 $x = \dfrac{\pi}{2}$ 是它的间断点.由于 $\lim\limits_{x \to \frac{\pi}{2}} \tan x = \infty$,因此由定义 2.15 可知,$x = \dfrac{\pi}{2}$ 是函数 $y = \tan x$ 的无穷间断点.

三、连续函数的性质

定理 2.23(连续函数的四则运算) 设函数 $f(x)$,$g(x)$ 在点 x_0 处连续,则 $f(x) \pm g(x)$,$f(x)g(x)$,$\dfrac{f(x)}{g(x)}$(其中 $g(x_0) \neq 0$)在点 x_0 处也连续.

定理 2.24(反函数的连续性) 如果函数 $f(x)$ 在区间 I 上单调且连续,那么它的反函数 $x = \varphi(y)$ 在相应的区间 $J = \{y \mid y = f(x), x \in I\}$ 上具有相同的单

调性和连续性.

定理 2.25(复合函数的连续性)　设函数 $u = \varphi(x)$ 在点 $x = x_0$ 处连续,且 $\varphi(x_0) = u_0$,而函数 $y = f(u)$ 在点 $u = u_0$ 处连续,那么复合函数 $y = f[\varphi(x)]$ 在点 $x = x_0$ 处也连续,即

$$\lim_{x \to x_0} f[\varphi(x)] = f[\lim_{x \to x_0} \varphi(x)] = f[\varphi(\lim_{x \to x_0} x)] = f[\varphi(x_0)].$$

例 2.33　求极限 $\lim_{x \to 1} \sqrt{1 + \cos^2 x}$.

证明　令 $u = 1 + \cos^2 x, y = \sqrt{u}$,则函数 $u(x)$ 在 $x = 1$ 处连续,y 在 $u = 1 + \cos^2 1$ 处连续,由定理 2.25 可知 $\lim_{x \to 1} \sqrt{1 + \cos^2 x} = \sqrt{1 + \cos^2 1}$.

定理 2.26(初等函数的连续性)　一切初等函数在其定义域内都是连续的.

例 2.34　讨论函数 $f(x) = \begin{cases} x^\alpha \sin \dfrac{1}{x}, x > 0, \\ e^x + \beta, x \leqslant 0 \end{cases}$ 在 $x = 0$ 处的连续性.

解　当 $\alpha \leqslant 0$ 时 $\lim_{x \to 0^+} \left(x^\alpha \sin \dfrac{1}{x} \right)$ 不存在,所以 $x = 0$ 为第二类间断点.

当 $\alpha < 0$ 时 $\lim_{x \to 0^+} \left(x^\alpha \sin \dfrac{1}{x} \right) = 0$,此时 $\lim_{x \to 0^-} (e^x + \beta) = 1 + \beta, f(0) = 1 + \beta$. 所以当 $\beta = -1$ 时,函数在 $x = 0$ 处连续. 当 $\beta \neq -1$ 时,$x = 0$ 为第一类间断点.

四、闭区间上连续函数的性质

定理 2.27(最大值、最小值定理)　闭区间上的连续函数在该区间上一定取得最大值和最小值.

推论 2.5(有界性定理)　闭区间上的连续函数在该区间上一定有界.

注 2.16　定理 2.27 中的区间为闭区间和函数连续这两个条件缺一不可,缺少其中一个可能就会导致定理不成立. 例如:

(1)函数 $f(x) = x^2$ 在区间 $(-1, 1)$ 内是连续的,但它在该区间上既无最大值也无最小值.

(2)函数 $f(x) = \begin{cases} x + 2, 0 < x \leqslant 1, \\ 4, x = 0, \\ x + 1, -1 \leqslant x < 0 \end{cases}$ 在区间 $[-1, 1]$ 上有定义,但在该区间上不连续,$x = 0$ 是它的间断点. 易知 $f(x)$ 在 $[-1, 1]$ 上有界,但取不到最大值.

定理 2.28(介值定理)　设函数 $f(x)$ 在闭区间 $[a, b]$ 上连续,且 $f(a) = A$, $f(b) = B, A \neq B$,实数 C 为介于 A 和 B 之间的任意实数,则在开区间 (a, b) 内至少存在一点 ξ,使得 $f(\xi) = C, a < \xi < b$.

由定理 2.28 可知,如果过 y 轴上的区间 (A,B)（或 (B,A)）内的任意一点 C,作平行于 x 轴的直线 $y = C$,则连续曲线 $y = f(x)$ 与直线 $y = C$ 至少相交于一点 $(\xi, f(\xi))$.

推论 2.6 设函数 $f(x)$ 在闭区间 $[a,b]$ 上连续,M, m 分别是 $f(x)$ 在 $[a,b]$ 上的最大值与最小值,设 $m \leq C \leq M$,则在区间 $[a,b]$ 上至少存在一点 ξ,使得 $f(\xi) = C$.

推论 2.7(零点定理) 设函数 $f(x)$ 在闭区间 $[a,b]$ 上连续,且 $f(a)$ 与 $f(b)$ 异号(即 $f(a)f(b) < 0$),那么在开区间 (a,b) 内至少存在函数 $f(x)$ 的一个零点,即至少存在一点 $\xi(a < \xi < b)$,使得 $f(\xi) = 0$.

例 2.35 证明方程 $x^5 - 2x^2 + x + 1 = 0$ 在区间 $(-1,1)$ 内至少有一个实根.

证明 令 $f(x) = x^5 - 2x^2 + x + 1$,则 $f(x)$ 在区间 $[-1,1]$ 上连续;又 $f(-1) = -3 < 0, f(1) = 1 > 0, f(-1)f(1) < 0$,故由零点定理知,至少存在一点 $\xi \in (-1,1)$,使得 $f(\xi) = 0$,即 $\xi^5 - 2\xi^2 + \xi + 1 = 0$. 所以,方程 $x^5 - 2x^2 + x + 1 = 0$ 在区间 $(-1,1)$ 内至少有一个实根.

习　题

1. 观察下列数列的变化趋势,写出它们的极限.

$(1) \left\{ \dfrac{1}{2^n} \right\}$；$(2) \left\{ (-1)^n \dfrac{1}{n} \right\}$；$(3) \left\{ \dfrac{n-1}{n+1} \right\}$；$(4) \left\{ (-1)^n n \right\}$.

2. 求下列极限.

$(1) \lim\limits_{x \to 2} \dfrac{x^2 + 5}{x - 3}$；$(2) \lim\limits_{x \to 2} \dfrac{x-2}{\sqrt{x+2}}$；$(3) \lim\limits_{x \to 1} \dfrac{x^2 - 2x + 1}{x - 1}$；$(4) \lim\limits_{x \to 0} \dfrac{4x^3 - 2x^2 - x}{3x^2 + 2x}$；

$(5) \lim\limits_{h \to 0} \dfrac{(x+h)^2 - x^2}{h}$；$(6) \lim\limits_{x \to \infty} \left(2 - \dfrac{1}{x} + \dfrac{1}{x^2} \right)$；$(7) \lim\limits_{x \to \infty} \dfrac{x^2 - 1}{2x^2 - x - 1}$；

$(8) \lim\limits_{x \to \infty} \dfrac{x^2 + x}{x^4 - 3x^2 + 1}$；$(9) \lim\limits_{n \to \infty} \left(1 + \dfrac{1}{2} + \dfrac{1}{4} + \cdots + \dfrac{1}{2^n} \right)$；

$(10) \lim\limits_{n \to \infty} \dfrac{1 + 2 + \cdots + (n-1)}{n^2}$；$(11) \lim\limits_{n \to \infty} \dfrac{(n+1)(n+2)(n+4)}{6n^3}$；

$(12) \lim\limits_{n \to \infty} \left(\dfrac{1}{1 \times 2} + \dfrac{1}{2 \times 3} + \cdots + \dfrac{1}{n(n+1)} \right)$.

3. 求下列极限.

$(1) \lim\limits_{x \to 0} \dfrac{\sin 3x}{\tan 2x}$；$(2) \lim\limits_{x \to a} \dfrac{\arctan(x-a)}{x-a}$；$(3) \lim\limits_{x \to 1} \dfrac{\sin(x^2 - 1)}{x - 1}$；

$(4)\lim\limits_{x\to\infty}\left(1-\dfrac{2}{x}\right)^{3x}$; $(5)\lim\limits_{x\to0}\left(\dfrac{2+x}{2-3x}\right)^{\frac{1}{x}}$; $(6)\lim\limits_{x\to0}\dfrac{\sin x}{\sqrt{x+1}-1}$;

$(7)\lim\limits_{n\to\infty}(\sqrt[n]{1+2^n+\cdots+2\,022^n})$; $(8)\lim\limits_{n\to\infty}(\sqrt[n]{1}+\sqrt[n]{2}+\cdots+\sqrt[n]{2\,022})$;

$(9)\lim\limits_{n\to\infty}\dfrac{\sqrt{n^2+n}}{n-2}$; $(10)\lim\limits_{n\to\infty}(\sqrt{n+3\sqrt{n}}-\sqrt{n-\sqrt{n}})$.

4. 已知 $\lim\limits_{x\to\infty}\left(\dfrac{x^2}{x+1}-ax-b\right)=0$，求 a,b.

5. 已知 $\lim\limits_{x\to\infty}\left(\dfrac{x+2a}{x-a}\right)^{x}=8$，求 a.

6. 设 $f(x)=\begin{cases}\dfrac{\tan ax}{x},x<0,\\ x^2+2,x\geqslant0,\end{cases}$ 且 $\lim\limits_{x\to0}f(x)$ 存在，求 a.

7. 判断下列函数在指定点处是否间断；如果是，说明间断点的类型.

$(1)y=\dfrac{x^2-1}{x^2-3x+2}$, $x=1$, $x=2$;

$(2)y=\cos^2\dfrac{1}{x}$, $x=0$.

8. 求出下列函数的所有间断点并判断类型.

$(1)f(x)=\dfrac{x}{\sin x}$; $(2)f(x)=\dfrac{1}{\ln|x-1|}$; $(3)f(x)=\begin{cases}\dfrac{\sqrt{x^2+1}-1}{x^2},x\neq0,\\ 1,x=0\end{cases}$.

9. 证明方程 $e^x=x+2$ 在区间 $(0,2)$ 内至少有一个实根.

10. 证明方程 $\sin x+x+1=0$ 在开区间 $\left(-\dfrac{\pi}{2},\dfrac{\pi}{2}\right)$ 内至少有一个根.

11. 设 $f(x),g(x)$ 在区间 $[a,b]$ 上连续，且 $f(a)<g(a),f(b)>g(b)$，试证在 (a,b) 内至少存在一个 ξ，使 $f(\xi)=g(\xi)$.

第三章 一元函数微分

第一节 导数的概念及运算法则

导数是函数的另一个重要特性,反映了由自变量变化引起的因变量变化的快慢,是研究函数的重要工具,在实际生活中有着重要应用.

一、问题导入

定义 3.1(曲线的切线) 设 M_0 是平面曲线 $y = f(x)$ 上的任意一点,M 是曲线上不同于点 M_0 的任意一点,连接 $M_0 M$. 当点 M 沿着曲线 $y = f(x)$ 趋近于点 M_0 时,割线 $M_0 M$ 的极限位置称为曲线 $y = f(x)$ 在点 M_0 处的切线(图 3 - 1).

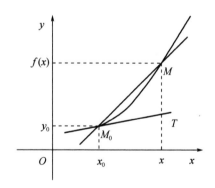

图 3 - 1

例 3.1 求曲线 $y = f(x)$ 上点 $P_0(x_0, y_0)$ 处的切线的斜率.

解 在曲线 $y = f(x)$ 上任取点 $P(x_0 + \Delta x, y_0 + \Delta y)$,割线 $P_0 P$ 的倾角为 φ,则

$$\tan \varphi = \frac{\Delta y}{\Delta x} = \frac{f(x_0 + \Delta x) - f(x_0)}{\Delta x},$$

由定义 3.1 知,曲线 $y = f(x)$ 在点 $P_0(x_0, y_0)$ 处的切线的斜率为

$$\tan \alpha = \lim_{\Delta x \to 0} \tan \varphi = \lim_{\Delta x \to 0} \frac{f(x_0 + \Delta x) - f(x_0)}{\Delta x}.$$

式中, α 为切线的倾角.

例 3.2 有一质点做变速直线运动, 其运动方程为 $S = S(t)$ (t 为时间变量, S 为时刻 t 时的位移), 求该物体在 t_0 时刻的瞬时速度 $V(t_0)$.

解 时间由 t_0 变化为 $t_0 + \Delta t$ 时, 相应的位移为 $S(t_0 + \Delta t) - S(t_0)$. 则在这段时间内的平均速度为

$$\overline{V}(t) = \frac{\Delta S}{\Delta t} = \frac{S(t_0 + \Delta t) - S(t_0)}{\Delta t}.$$

当 $\Delta t \to 0$ 时, 如果极限 $\lim\limits_{\Delta t \to 0} \dfrac{\Delta S}{\Delta t}$ 存在, 则称为该质点在 t_0 时刻的瞬时速度, 即

$$V(t_0) = \lim_{\Delta t \to 0} \frac{\Delta S}{\Delta t} = \lim_{\Delta t \to 0} \frac{S(t_0 + \Delta t) - S(t_0)}{\Delta t}.$$

二、导数的概念

定义 3.2 设函数 $y = f(x)$ 在点 x_0 的某邻域内有定义, 若极限

$$\lim_{\Delta x \to 0} \frac{\Delta y}{\Delta x} = \lim_{\Delta x \to 0} \frac{f(x_0 + \Delta x) - f(x_0)}{\Delta x}$$

存在, 则称函数 $f(x)$ 在点 x_0 处可导, 并称此极限值为函数 $f(x)$ 在点 x_0 处的导数, 记作 $f'(x_0)$, $y'\big|_{x=x_0}$, $\dfrac{\mathrm{d}y}{\mathrm{d}x}\Big|_{x=x_0}$ 或 $\dfrac{\mathrm{d}f}{\mathrm{d}x}\Big|_{x=x_0}$, 即

$$f'(x_0) = \lim_{\Delta x \to 0} \frac{f(x_0 + \Delta x) - f(x_0)}{\Delta x} \tag{3.1}$$

若上述极限不存在, 则称函数 $f(x)$ 在点 x_0 处不可导.

若令 $x = x_0 + \Delta x$, 则 $\Delta x = x - x_0$, 从而当 $\Delta x \to 0$ 时, 有 $x \to x_0$.

函数 $f(x)$ 在点 x_0 处的导数定义式 (3.1) 又可写成

$$f'(x_0) = \lim_{x \to x_0} \frac{f(x) - f(x_0)}{x - x_0}.$$

定义 3.3 (左导数) 设函数 $y = f(x)$ 在点 x_0 处及其某左邻域内有定义, 若极限

$$\lim_{\Delta x \to 0^-} \frac{\Delta y}{\Delta x} = \lim_{\Delta x \to 0^-} \frac{f(x_0 + \Delta x) - f(x_0)}{\Delta x}$$

存在, 则称函数 $f(x)$ 在点 x_0 处左可导, 并称此极限值为函数 $f(x)$ 在点 x_0 处的左导数, 记作 $f'_-(x_0)$, 即

$$f'_-(x_0) = \lim_{x \to x_0^-} \frac{f(x) - f(x_0)}{x - x_0}.$$

定义 3.4 (右导数) 设函数 $y = f(x)$ 在点 x_0 处及其某右邻域内有定义, 若

极限

$$\lim_{\Delta x \to 0^+} \frac{\Delta y}{\Delta x} = \lim_{\Delta x \to 0^+} \frac{f(x_0 + \Delta x) - f(x_0)}{\Delta x}$$

存在,则称函数 $f(x)$ 在点 x_0 处右可导,并称此极限值为函数 $f(x)$ 在点 x_0 处的右导数,记作 $f'_+(x_0)$,即

$$f'_+(x_0) = \lim_{x \to x_0^+} \frac{f(x) - f(x_0)}{x - x_0}$$

左导数和右导数统称为单侧导数.

定理 3.1 函数 $f(x)$ 在点 x_0 处可导的充分必要条件是它在这一点处的左、右导数存在且相等.

定理 3.1 主要用于判断分段函数在分段点处的可导性.

例 3.3 讨论 $f(x) = \begin{cases} x^2 + 1, x \leq 1 \\ 3x - 1, x > 1 \end{cases}$ 在点 $x = 1$ 处的可导性.

解 因为

$$f'_-(1) = \lim_{x \to 1^-} \frac{f(x) - f(1)}{x - 1} = \lim_{x \to 1^-} \frac{x^2 + 1 - 2}{x - 1} = 2,$$

$$f'_+(1) = \lim_{x \to 1^+} \frac{f(x) - f(1)}{x - 1} = \lim_{x \to 0^+} \frac{3x - 1 - 2}{x - 1} = 3,$$

即 $f'_-(1) \neq f'_+(1)$,则由定理 3.1 得 $f(x)$ 在 $x = 1$ 处不可导.

定义 3.5(导函数) 若函数 $y = f(x)$ 在区间 I 内每一点都可导(在区间 I 的端点处有定义则单侧可导),则对于每一个 $x \in I$,都有 $f(x)$ 的一个导数值 $f'(x)$ 与之对应,这样就得到一个定义在 I 上的函数,称为函数 $y = f(x)$ 的导函数,或称函数 $f(x)$ 在该区间 I 内可导,或称 $f(x)$ 是区间 I 内的可导函数. 其记作 $f'(x)$, y', $\frac{dy}{dx}$ 或 $\frac{df}{dx}$. 即

$$f'(x) = \lim_{\Delta x \to 0} \frac{\Delta y}{\Delta x} = \lim_{\Delta x \to 0} \frac{f(x + \Delta x) - f(x)}{\Delta x}. \tag{3.2}$$

由式(3.1)和式(3.2)可知,函数 $f(x)$ 在点 x_0 处的导数 $f'(x_0)$,正是该函数的导函数 $f'(x)$ 在点 x_0 处的函数值,即 $f'(x_0) = f'(x) \big|_{x = x_0}$.

三、求导例题

例 3.4 求常值函数 $y = C$ 的导数.

解 常值函数 $y = C$ 的定义域为 $(-\infty, +\infty)$,对于 $\forall x \in (-\infty, +\infty)$,且 $x + \Delta x \in (-\infty, +\infty)$,有 $\Delta y = f(x + \Delta x) - f(x) = C - C = 0$.

由定义 3.5 得

$$y' = \lim_{\Delta x \to 0} \frac{\Delta y}{\Delta x} = \lim_{\Delta x \to 0} \frac{0}{\Delta x} = 0,$$

所以常值函数 $y = C$ 在其定义域内每一点处都可导,且导数都为零.

例 3.5 求函数 $y = x$ 在点 $x = 6$ 处的导数.

解 在点 $x = 6$ 处,给自变量的改变量为 Δx 时,函数相应的改变量为

$$\Delta y = f(x + \Delta x) - f(x) = 6 + \Delta x - 6 = \Delta x,$$

所以 $y = x$ 在 $x = 6$ 处的导数为

$$f'(6) = \lim_{\Delta x \to 0} \frac{f(6 + \Delta x) - f(\Delta x)}{\Delta x} = \lim_{\Delta x \to 0} \frac{\Delta x}{\Delta x} = 1.$$

例 3.6 求函数 $y = x^n$ (n 为正整数)的导函数 y',并求 $y'\big|_{x=1}$.

解 对任意点 x 及 $\Delta x \neq 0$ 有

$$\Delta y = (x + \Delta x)^n - x^n = nx^{n-1} \cdot \Delta x + \frac{1}{2!}n(n-1)x^{n-2} \cdot (\Delta x)^2 + \cdots + (\Delta x)^n,$$

从而有

$$\begin{aligned}
y' &= \lim_{\Delta x \to 0} \frac{\Delta y}{\Delta x} = \lim_{\Delta x \to 0} \frac{(x + \Delta x)^n - x^n}{\Delta x} \\
&= \lim_{\Delta x \to 0} \frac{nx^{n-1} \cdot \Delta x + \frac{1}{2!}n(n-1)x^{n-2} \cdot (\Delta x)^2 + \cdots + (\Delta x)^n}{\Delta x} \\
&= \lim_{\Delta x \to 0} \left[nx^{n-1} + \frac{1}{2!}n(n-1)x^{n-2} \cdot (\Delta x) + \cdots + (\Delta x)^{n-1} \right] \\
&= nx^{n-1}.
\end{aligned}$$

再由导函数求指定点的导数值:

$$y'\big|_{x=1} = nx^{n-1}\big|_{x=1} = n.$$

对任意实数 α,幂函数 $y = x^\alpha$ 都有相应的导数公式 $y' = (x^\alpha)' = \alpha x^{\alpha-1}$.

四、几何意义

由例 3.1 的讨论可知,如果函数 $f(x)$ 在点 x_0 处可导,那么曲线 $f(x)$ 在点 $(x_0, f(x_0))$ 处存在切线,并且导数就是该切线的斜率. 于是曲线 $y = f(x)$ 在点 $(x_0, f(x_0))$ 处的切线方程为

$$y - f(x_0) = f'(x_0)(x - x_0).$$

过点 $(x_0, f(x_0))$ 且与切线垂直的直线称为曲线 $y = f(x)$ 在该点处的法线. 如果 $f'(x_0) \neq 0$,则该法线的方程为

$$y - f(x_0) = -\frac{1}{f'(x_0)}(x - x_0).$$

如果 $f'(x_0) = 0$,则切线方程为 $y = y_0$,法线方程为 $x = x_0$.

如果 $f'(x_0)$ 为无穷大,则切线方程为 $x = x_0$,即切线垂直于 x 轴.

五、可导与连续

定理 3.2 如果函数 $y = f(x)$ 在点 x_0 处可导,那么它在点 x_0 处必连续.

证明 由定义 3.2 知

$$f'(x_0) = \lim_{\Delta x \to 0} \frac{\Delta y}{\Delta x}.$$

从而

$$\frac{\Delta y}{\Delta x} = f'(x_0) + \alpha,$$

其中 $\lim\limits_{\Delta x \to 0} \alpha = 0$,所以

$$\Delta y = f'(x_0)\Delta x + \alpha\Delta x.$$

两边取极限得

$$\lim_{\Delta x \to 0} \Delta y = \lim_{\Delta x \to 0}[f'(x_0)\Delta x + \alpha\Delta x] = 0,$$

所以函数 $y = f(x)$ 在点 x_0 处连续.

注 3.1 定理 3.2 的逆命题一般不成立,即函数在某点连续,但在该点不一定可导.

六、求导法则

定理 3.3(四则运算) 设函数 $u(x)$,$v(x)$ 可导,则:

(1)$u(x) \pm v(x)$ 可导,且 $[u(x) \pm v(x)]' = u'(x) \pm v'(x)$.

(2)$u(x)v(x)$ 可导,且 $[u(x)v(x)]' = u'(x)v(x) + u(x)v'(x)$;特别地 $[Cv(x)]' = Cv'(x)$,其中 C 为常数.

(3)$\dfrac{u(x)}{v(x)}$ 可导,且 $\left[\dfrac{u(x)}{v(x)}\right]' = \dfrac{u'(x)v(x) - u(x)v'(x)}{[v(x)]^2}$,$v(x) \neq 0$;特别地 $\left[\dfrac{1}{v(x)}\right]' = -\dfrac{v'(x)}{[v(x)]^2}$.

例 3.7 设 $y = x^3 + 3^x - \ln x + 3$,求 y'.

解 由定理 3.3(1)得

$$
\begin{aligned}
y' &= (x^3 + 3^x - \ln x + 3)' \\
&= (x^3)' + (3^x)' - (\ln x)' + (3)' \\
&= 3x^2 + 3^x \ln 3 - \frac{1}{x} + 0 \\
&= 3x^2 + 3^x \ln 3 - \frac{1}{x}.
\end{aligned}
$$

例 3.8 设 $y = x^2 \ln x + 2\sin x$，求 y'.

解 由定理 3.3(1)(2) 得

$$
\begin{aligned}
y' &= (x^2 \ln x + 2\sin x)' \\
&= (x^2 \ln x)' + (2\sin x)' \\
&= (x^2)' \ln x + x^2 (\ln x)' + 2(\sin x)' \\
&= 2x \ln x + x^2 \frac{1}{x} + 2\cos x \\
&= 2x \ln x + x + 2\cos x.
\end{aligned}
$$

例 3.9 设 $y = \tan x$，求 y'.

解 由定理 3.3(3) 得

$$
\begin{aligned}
y' &= \left(\frac{\sin x}{\cos x}\right)' = \frac{(\sin x)'\cos x - \sin x(\cos x)'}{\cos^2 x} \\
&= \frac{\cos x \cos x - \sin x(-\sin x)}{\cos^2 x} \\
&= \frac{\cos^2 x + \sin^2 x}{\cos^2 x} \\
&= \frac{1}{\cos^2 x} \\
&= \sec^2 x.
\end{aligned}
$$

定理 3.4 设函数 $y = f(x)$ 在区间 I 内单调可导且 $f'(x) \neq 0$，则其反函数 $x = f^{-1}(y)$ 在相应的区间内也单调可导，且其导数为

$$
(f^{-1}(y))' = \frac{1}{f'(x)},
$$

也就是函数与其反函数的导数互为倒数.

例 3.10 设 $y = \arccos x$，求 y'.

解 $y = \arccos x$ 的反函数为 $x = \cos y$，它在区间 $(0, \pi)$ 内单调、可导，并且 $(\cos y)' = -\sin y \neq 0$，由定理 3.4 得 $y = \arccos x$ 可导，且

$$
(\arccos x)' = -\frac{1}{\sin y} = -\frac{1}{\sqrt{1 - \sin^2 y}} = -\frac{1}{\sqrt{1 - x^2}}.
$$

定理 3.5 设函数 $u = g(x)$ 在点 x 处可导，而函数 $y = f(u)$ 在相应的点 u 处可导，则复合函数 $y = f(g(x))$ 在点 x 处可导，且

$$
\frac{\mathrm{d}y}{\mathrm{d}x} = \frac{\mathrm{d}y}{\mathrm{d}u}\frac{\mathrm{d}u}{\mathrm{d}x},
$$

即

$$
(f(g(x)))' = f'(g(x))g'(x).
$$

例 3. 11 设 $y = \sin^2 x$，求 y'.

解 令 $y = f(u) = u^2, u = \varphi(x) = \sin x$.

于是

$$y' = f'(u)\varphi'(x) = (u^2)'(\sin x)'$$
$$= 2u\cos x = 2\sin x\cos x = \sin 2x.$$

例 3. 12 设 $y = \ln(x + \sqrt{1 + x^2})$，求 y'.

解 令 $y = f(u) = \ln u, u = \varphi(x) = x + \sqrt{1 + x^2}$.

于是

$$y' = f'(u)\varphi'(x) = (\ln u)'(x + \sqrt{1 + x^2})'$$
$$= \frac{1}{u}\left(1 + \frac{2x}{2\sqrt{1 + x^2}}\right) = \frac{1}{\sqrt{1 + x^2}}.$$

注 3. 2 在求复合函数的导数时，若设出中间变量，已知函数要对中间变量求导数，所以计算式中出现中间变量，最后必须将中间变量以自变量的函数代换.

例 3. 13 已知函数 $f(x)$ 可导，求 $y = f(x^2\ln x)$ 的导数 y'.

解 $y' = f'(x^2\ln x)(x^2\ln x)'$

$$= f'(x^2\ln x)\left(2x\ln x + x^2 \cdot \frac{1}{x}\right)$$

$$= f'(x^2\ln x)(2x\ln x + x).$$

注 3. 3 复合函数的导数公式可以推广到三个及以上的函数复合的情形.

例 3. 14 设 $y = \ln\cos e^x$，求 y'.

解 设 $y = \ln u, u = \cos v, v = e^x$，于是

$$y' = (\ln u)'(\cos v)'(e^x)'$$
$$= \frac{1}{u} \cdot (-\sin v)e^x$$
$$= \frac{1}{\cos e^x}(-\sin e^x)e^x$$
$$= -e^x\tan e^x$$

注 3. 4 求复合函数的导数，关键是分析清楚复合函数的结构，按复合函数的构成层次，由外层向内层逐层求导.

七、高阶导数

定义 3. 6 如果函数 $y = f(x)$ 的导数 $y' = f'(x)$ 对 x 可导，则称 $f'(x)$ 的导数为函数 $y = f(x)$ 的二阶导数，记作 y'', $f''(x)$, $\dfrac{d^2 y}{dx^2}$ 或 $\dfrac{d^2 f}{d^2}$.

定义 3.7 如果 $n-1$ 阶导数 $f^{(n-1)}(x)$ 对 x 可导,则称为函数 $y=f(x)$ 的 n 阶导数,记作 $y^{(n)}, f^{(n)}(x), \dfrac{\mathrm{d}^n y}{\mathrm{d} n}$ 或 $\dfrac{\mathrm{d}^n f}{\mathrm{d} n}$.

二阶及二阶以上的导数统称为函数的高阶导数.

注 3.5 如果函数 $y=f(x)$ 在点 x 处具有 n 阶导数,那么 $f(x)$ 在点 x 处的某一邻域内必定具有一切低于 n 阶的导数.

例 3.15 设 $y=x\ln(x+1)$,求 $y'', y''|_{x=0}$.

解 先求一阶导数

$$y' = \ln(x+1) + \frac{x}{x+1},$$

对一阶导数再求导就可以得到二阶导数

$$y'' = \left[\ln(x+1) + \frac{x}{x+1}\right]' = \frac{1}{x+1} + \frac{x+1-x}{(x+1)^2} = \frac{x+2}{(x+1)^2}.$$

将 $x=0$ 代入二阶导数中,便可得到

$$y''|_{x=0} = \frac{x+2}{(x+1)^2}\bigg|_{x=0} = \frac{0+2}{(0+1)^2} = 2.$$

例 3.16 设 $y=\cos x$,求 $y^{(n)}$.

解 $y' = -\sin x = \cos\left(x + \frac{\pi}{2}\right),$

$y'' = -\cos x = \cos\left(x + 2 \cdot \frac{\pi}{2}\right),$

$y^{(3)} = \sin x = \cos\left(x + 3 \cdot \frac{\pi}{2}\right),$

$y^{(4)} = \cos x = \cos\left(x + 4 \cdot \frac{\pi}{2}\right),$

$\cdots$

所以 $(\cos x)^{(n)} = \cos\left(x + n \cdot \frac{\pi}{2}\right).$

八、基本初等函数的导数公式

(1) $(C)' = 0$;
(2) $(x^a)' = ax^{a-1}$;

(3) $(a^x)' = a^x \ln a$;
(4) $(e^x)' = e^x$;

(5) $(\log_a x)' = \dfrac{1}{x\ln a}$;
(6) $(\ln x)' = \dfrac{1}{x}$;

(7) $(\sin x)' = \cos x$;
(8) $(\cos x)' = -\sin x$;

(9) $(\tan x)' = \sec^2 x$;
(10) $(\cot x)' = -\csc^2 x$;

（11）$(\sec x)' = \sec x \tan x$；　　　　（12）$(\csc x)' = -\csc x \cot x$；

（13）$(\arcsin x)' = \dfrac{1}{\sqrt{1-x^2}}$；　　　（14）$(\arccos x)' = -\dfrac{1}{\sqrt{1-x^2}}$；

（15）$(\arctan x)' = \dfrac{1}{1+x^2}$；　　　（16）$(\text{arccot } x)' = -\dfrac{1}{1+x^2}$.

第二节　隐函数及参数方程所确定的函数求导

一、隐函数求导

定义 3.8（显函数）　若函数可以写成 $y = f(x)$ 的形式,则称为显函数. 例如 $y = \sqrt{x^2+1}$, $y = \ln(x+1)$.

定义 3.9（隐函数）　如果对于某区间 I 上的任意一个 x,总存在唯一的实数 y 满足方程 $F(x,y) = 0$,则称方程 $F(x,y) = 0$ 在区间 I 上确定了一个隐函数. 例如 $x^3 + y = 2$, $x^3 + y^3 + 6 = 0$.

由方程 $F(x,y) = 0$ 确定的隐函数仍用 $y = f(x)$ 表示.

注 3.6　有些隐函数可以化为显函数,例如由方程 $x + y^3 - 1 = 0$ 可以解出 $y = \sqrt[3]{1-x}$,就把隐函数化成了显函数. 把隐函数化成显函数的过程称为隐函数的显化. 但是并不是所有的隐函数都能显化,例如 $xy + e^{x+y} = 0$ 确定的隐函数就不能显化.

定理 3.6（隐函数求导法则）　若 $y = f(x)$ 为由方程 $F(x,y) = 0$ 确定的隐函数,则可在方程两边同时对 x 求导,再从所得到的等式中解出 $y'(x)$.

注 3.7　对方程 $F(x,y) = 0$ 求导遇到 y 时要把 y 视为 x 的函数.

例 3.17　求方程 $e^y + xy + 36 = 0$ 所确定的隐函数 $y = y(x)$ 的导数 $\dfrac{dy}{dx}$.

解　方程两边对 x 求导得

$$e^y y' + y + xy' = 0,$$

整理得

$$y' = -\frac{y}{x + e^y}.$$

例 3.18　设函数 $y = y(x)$ 由方程 $e^{xy} + \tan xy = y$ 确定,求 $y'(0)$.

解　方程两边对 x 求导得

$$e^{xy}(y + xy') + (y + xy')\sec^2 xy = y',$$

整理得

$$y' = \frac{y[e^{xy} + \sec^2 xy]}{1 - x\sec^2 xy - xe^{xy}}.$$

把 $x = 0$ 代入方程 $e^{xy} + \tan xy = y$ 中得 $y = 0$. 从而

$$y'(0) = \frac{1 \cdot [e^{0 \cdot 1} + \sec^2(0 \cdot 1)]}{1 - 0 \cdot \sec^2(0 \cdot 1) - 0 \times e^{0 \cdot 1}} = 2.$$

例 3. 19 求方程 $x + y + \sin y = 0$ 所确定的隐函数 $y = y(x)$ 的导数 $\dfrac{\mathrm{d}y}{\mathrm{d}x}$.

解 方程两边对 x 求导得

$$1 + y' + \cos y \cdot y' = 0,$$

整理得

$$\frac{\mathrm{d}y}{\mathrm{d}x} = -\frac{1}{1 + \cos y}.$$

定理 3. 7(对数求导法则) 在方程两边同时取以 e 为底的对数,化为隐函数形式,然后利用隐函数求导法求解.

例 3. 20 求函数 $y = \left(\dfrac{x}{1 + x}\right)^x$ 的导数.

解 在方程两边同时取对数得

$$\ln y = x[\ln x - \ln(1 + x)],$$

在上式两边同时对 x 求导得

$$\frac{y'}{y} = [\ln x - \ln(1 + x)] + x\left(\frac{1}{x} - \frac{1}{1 + x}\right) = \ln\frac{x}{1 + x} + \frac{1}{1 + x},$$

所以

$$y' = y\left(\ln\frac{x}{1 + x} + \frac{1}{1 + x}\right) = \left(\frac{x}{1 + x}\right)^x\left(\ln\frac{x}{1 + x} + \frac{1}{1 + x}\right).$$

例 3. 21 求函数 $y = \left[\dfrac{(x + 1)(x + 2)(x + 3)}{x^3(x + 4)}\right]^{\frac{2}{3}}$ 的导数 $\dfrac{\mathrm{d}y}{\mathrm{d}x}$.

解 在方程两边同时取对数得

$$\ln y = \frac{2}{3}[\ln(x + 1) + \ln(x + 2) + \ln(x + 3) - 3\ln x - \ln(x + 4)],$$

在上式两边同时对 x 求导得

$$\frac{1}{y}y' = \frac{2}{3}\left(\frac{1}{x + 1} + \frac{1}{x + 2} + \frac{1}{x + 3} - \frac{3}{x} - \frac{1}{x + 4}\right),$$

所以

$$y' = \frac{2y}{3}\left(\frac{1}{x + 1} + \frac{1}{x + 2} + \frac{1}{x + 3} - \frac{3}{x} - \frac{1}{x + 4}\right)$$

$$= \frac{2}{3} \left[\frac{(x+1)(x+2)(x+3)}{x^3(x+4)} \right]^{\frac{2}{3}} \left(\frac{1}{x+1} + \frac{1}{x+2} + \frac{1}{x+3} - \frac{3}{x} - \frac{1}{x+4} \right).$$

二、参数方程所确定的函数求导

定义 3.10(参数方程确定的函数) 如果自变量 x 和因变量 y 通过第三个变量 t 联系起来 $\begin{cases} x = x(t), \\ y = y(t), \end{cases}$ 且 $x = x(t)$ 单调连续,则参数方程确定了函数 $y = f(x)$, $y = f(x)$ 称为参数方程确定的函数.

定理 3.8(参数方程确定的函数求导法则) 若函数 $f(x)$ 由参数方程组 $\begin{cases} x = x(t), \\ y = y(t) \end{cases}$ 确定,则 $\dfrac{dy}{dx} = \dfrac{y'(t)}{x'(t)}$.

例 3.22 由 $\begin{cases} x = t - \cos t, \\ y = \sin t \end{cases}$ 确定了函数 $y = f(x)$,求 $\dfrac{dy}{dx}$.

解 $\dfrac{dy}{dx} = \dfrac{\dfrac{dy}{dt}}{\dfrac{d}{dt}} = \dfrac{(\sin t)'}{(t - \cos t)'} = \dfrac{\cos t}{1 + \sin t}.$

例 3.23 由 $\begin{cases} x = \arctan t, \\ y = \ln(1 + t^2) \end{cases}$ 确定了函数 $y = f(x)$,求 $\dfrac{dy}{dx}$.

解 $\dfrac{dy}{dx} = \dfrac{\dfrac{dy}{dt}}{\dfrac{d}{dt}} = \dfrac{(\ln(1 + t^2))'}{(\arctan t)'} = \dfrac{\dfrac{2t}{1 + t^2}}{\dfrac{1}{1 + t^2}} = 2t.$

定理 3.9(参数方程确定的函数的二阶导数) 若函数 $f(x)$ 由参数方程组 $\begin{cases} x = x(t), \\ y = y(t) \end{cases}$ 确定,则

$$\frac{d^2 y}{d^2 x} = \frac{d}{d} \left(\frac{y'(t)}{x'(t)} \right) = \frac{\dfrac{d}{dt} \left(\dfrac{y'(t)}{x'(t)} \right)}{\dfrac{d}{dt}} = \frac{d}{dt} \left(\frac{y'(t)}{x'(t)} \right) \cdot \frac{1}{x'(t)}.$$

例 3.24 设 $y = f(x)$ 由参数方程 $\begin{cases} x = 1 - 2t + t^2, \\ y = 4t^2 \end{cases}$ 确定,求 $\dfrac{d^2 y}{d^2 x}$.

解 由定理 3.8 得 $\dfrac{dy}{dx} = \dfrac{8t}{-2 + 2t}$,再由定理 3.9 得

$$\frac{d^2 y}{d^2 x} = \frac{\left(\dfrac{8t}{-2 + 2t} \right)'}{(1 - 2t + t^2)'} = \frac{\dfrac{-4}{(t-1)^2}}{2t - 2} = \frac{-2}{(t-1)^3}.$$

第三节 微 分

一、微分的概念

在许多实际问题中,当自变量 x 有一个微小的改变量 Δx 时,需要计算相应的因变量改变量 Δy,但是对于某些非线性函数来说,求解 Δy 会比较困难. 微分就是用线性函数在"微小局部"的改变量近似代替非线性函数改变量的重要方法.

例 3.25 边长为 x 的正方形,当边长增加 Δx 时,其面积增加多少?

解 设正方形的面积为 s,面积的增加部分记作 Δs,则

$$\Delta s = (x + \Delta x)^2 - x^2 = 2x\Delta x + (\Delta x)^2.$$

由例 3.25 可知,正方形面积的改变量由两部分组成:

(1)$2x\Delta x$ 是关于 Δx 的线性函数,称为 Δs 的主要部分;

(2)$(\Delta x)^2$ 是关于 Δx 的高阶无穷小量,在 Δs 中占极其微小的部分.

当 Δx 很小,如 $x = 1, \Delta x = 0.01$ 时,则 $2x\Delta x = 0.02$,而 $(\Delta x)^2 = 0.0001$;Δx 越小,$(\Delta x)^2$ 与 $2x\Delta x$ 的差越大. 所以 $2x\Delta x$ 是 Δs 的近似部分,在数学上称 $2x\Delta x$ 为 $s = x^2$ 的微分.

定义 3.11 设函数 $f(x)$ 在点 x_0 处的某一邻域内有定义,如果函数 $f(x)$ 在点 x_0 处有增量 Δx,从而相应的函数值的增量为 $\Delta y = f(x_0 + \Delta x) - f(x_0)$,如果函数值的增量 Δy 可表示为 $\Delta y = A\Delta x + \alpha$,其中 A 与 Δx 无关,α 为关于 Δx 的高阶无穷小,则称 $A\Delta x$ 为函数 $y = f(x)$ 在点 x_0 处的微分,记作 $\mathrm{d}y$,即 $\mathrm{d}y\big|_{x_0} = A\Delta x$,也称函数 $y = f(x)$ 在点 x_0 处可微.

例 3.26 设 $y = x^3 - x$,求 $x = 2, \Delta x = 0.1$ 时的 Δy 及 $\mathrm{d}y$.

解 $\Delta y = (x + \Delta x)^3 - (x + \Delta x) - x^3 + x = 3x(\Delta x)^2 + 3x^2\Delta x + (\Delta x)^3 - \Delta x$,
$\mathrm{d}y = (3x^2 - 1)\Delta x$.

所以 $\Delta y\big|_{\substack{x=2 \\ \Delta x=0.1}} = 6 \times 0.1^2 + 12 \times 0.1 + 0.1^3 - 0.1 = 1.161, \mathrm{d}y\big|_{\substack{x=2 \\ \Delta x=0.1}} = 11 \times 0.1 = 1.1$.

如果函数 $y = f(x)$ 在区间 I 上每一点处都可微,则称函数 $f(x)$ 在区间 I 上可微,微分记为 $\mathrm{d}y$ 或 $\mathrm{d}f(x)$.

定理 3.10 若函数 $y = f(x)$ 在点 x 处可微,则函数 $y = f(x)$ 在点 x 处一定可导,且 $A = f'(x)$. 反之,若函数 $y = f(x)$ 在点 x 处可导,则 $f(x)$ 在点 x 处一定可微,$\mathrm{d}y = f'(x)\mathrm{d}x$.

证明 设函数 $y = f(x)$ 在点 x 处可微,则由定义 3.11 得

$$\Delta y = A\Delta x + \alpha,$$

式中,A 与 Δx 无关;α 为关于 Δx 的高阶无穷小.

所以

$$\lim_{\Delta x \to 0} \frac{\Delta y}{\Delta x} = \lim_{\Delta x \to 0} \frac{A\Delta x + \alpha}{\Delta x} = \lim_{\Delta x \to 0} \left(A + \frac{\alpha}{\Delta x} \right) = A.$$

因此 $y = f(x)$ 在点 x 处可导,且 $A = f'(x)$.

设函数 $y = f(x)$ 在点 x 处可导,则 $f'(x) = \lim\limits_{\Delta x \to 0} \dfrac{\Delta y}{\Delta x}$. 由极限与无穷小的关系可知

$$\frac{\Delta y}{\Delta x} = f'(x) + \alpha.$$

式中,α 是 $\Delta x \to 0$ 时的无穷小,所以

$$\Delta y = f'(x)\Delta x + \alpha\Delta x.$$

又 $\lim\limits_{\Delta x \to 0} \dfrac{\alpha\Delta x}{\Delta x} = \lim\limits_{\Delta x \to 0} \alpha = 0$,从而

$$\Delta y = f'(x)\Delta x + O(\Delta x).$$

由定义 3.11 知,函数 $y = f(x)$ 在点 x 处可微,并且 $\mathrm{d}y = f'(x)\Delta x$.

例 3.27 求函数 $y = \sin x$ 分别在 $x = \dfrac{\pi}{6}$ 和 $x = \dfrac{\pi}{3}$ 处的微分.

解 函数 $y = \sin x$ 在 $x = \dfrac{\pi}{6}$ 处的微分为

$$\mathrm{d}y = (\sin x)' \big|_{x = \frac{\pi}{6}} \Delta x = \left(\cos \frac{\pi}{6} \right) \Delta x = \frac{\sqrt{3}}{2} \Delta x.$$

在 $x = \dfrac{\pi}{3}$ 处的微分为

$$\mathrm{d}y = (\sin x)' \big|_{x = \frac{\pi}{3}} \Delta x = \left(\cos \frac{\pi}{3} \right) \Delta x = \frac{\Delta x}{2}.$$

二、微分基本公式及其运算法则

1. 基本初等函数的微分公式

(1) $\mathrm{d}(C) = 0$;

(2) $\mathrm{d}(x^a) = ax^{a-1}\mathrm{d}x$;

(3) $\mathrm{d}(a^x) = a^x\ln a\mathrm{d}x$;

(4) $\mathrm{d}(e^x) = e^x\mathrm{d}x$;

(5) $\mathrm{d}(\log_a x) = \dfrac{1}{x\ln a}\mathrm{d}x$;

(6) $\mathrm{d}(\ln x) = \dfrac{1}{x}\mathrm{d}x$;

(7) $\mathrm{d}(\sin x) = \cos x\mathrm{d}x$;

(8) $\mathrm{d}(\cos x) = -\sin x\mathrm{d}x$;

(9) $\mathrm{d}(\tan x) = \sec^2 x\mathrm{d}x$;

(10) $\mathrm{d}(\cot x) = -\csc^2 x\mathrm{d}x$;

$(11)\mathrm{d}(\sec x) = \sec x\tan x\mathrm{d}x;$ $\qquad(12)\mathrm{d}(\csc x) = -\csc x\cot x\mathrm{d}x;$

$(13)\mathrm{d}(\arcsin x) = \dfrac{1}{\sqrt{1-x^2}}\mathrm{d}x;$ $\qquad(14)\mathrm{d}(\arccos x) = -\dfrac{1}{\sqrt{1-x^2}}\mathrm{d}x;$

$(15)\mathrm{d}(\arctan x) = \dfrac{1}{1+x^2}\mathrm{d}x;$ $\qquad(16)\mathrm{d}(\mathrm{arccot}\, x) = -\dfrac{1}{1+x^2}\mathrm{d}x.$

2. 微分的四则运算

定理 3. 11 设函数 u,v 可微,则:

$(1)\mathrm{d}(u \pm v) = \mathrm{d}u \pm \mathrm{d}v;$

$(2)\mathrm{d}(uv) = u\mathrm{d}v + v\mathrm{d}u;$

$(3)\mathrm{d}\left(\dfrac{v}{u}\right) = \dfrac{u\mathrm{d}v - v\mathrm{d}u}{u^2}, u\neq 0.$

三、微分的应用

微分的一个重要应用是可以进行近似计算,把一些复杂的计算公式以简单的近似代替.

设函数 $y = f(x)$ 在点 x_0 处可微(或可导),且 $|\Delta x|$ 很小时,由微分的定义 3.11 知

$$\Delta y \approx \mathrm{d}y = f'(x_0)\Delta x.$$

或写为

$$\Delta y = f(x_0 + \Delta x) - f(x_0) \approx f'(x_0)\Delta x \qquad (3.3)$$

或

$$f(x_0 + \Delta x) \approx f(x_0) + f'(x_0)\Delta x \qquad (3.4)$$

令 $x = x_0 + \Delta x$,则 $\Delta x = x - x_0$,那么

$$f(x) \approx f(x_0) + f'(x_0)(x - x_0) \qquad (3.5)$$

如果 $f(x_0)$ 与 $f'(x_0)$ 可计算,那么利用式(3.3)可近似计算 Δy,利用式(3.4)可近似计算 $f(x_0 + \Delta x)$,或利用式(3.5)可近似计算 $f(x)$.

例 3. 28 利用微分计算 $\arcsin 0.500\,2$ 的近似值.

解 由 $\arcsin x \approx \arcsin x_0 + (\arcsin x)'\big|_{x=x_0} \cdot (x - x_0)$,$x_0 = 0.5$,$\Delta x = 0.000\,2$ 得

$$\arcsin 0.500\,2 \approx \arcsin 0.5 + \dfrac{1}{\sqrt{1-x^2}}\bigg|_{x=0.5} \cdot 0.000\,2 \approx 30°47''.$$

第四节 微分中值定理

微分中值定理反映了导数的局部性与函数的整体性之间的关系,主要包

括罗尔中值定理、拉格朗日中值定理、柯西中值定理,它们是微分的基本定理,应用广泛.

定理 3.12(费马引理) 设函数 $y = f(x)$ 在点 x_0 处的某邻域 $U(x_0)$ 内有定义,若 $f(x)$ 在 x_0 处可导且在 x_0 处取得极大值(或极小值),则 $f'(x_0) = 0$.

在数学上,满足 $f'(x) = 0$ 的点称为函数 $f(x)$ 的驻点(或稳定点).

定理 3.13(罗尔中值定理) 如果函数 $f(x)$ 在 $[a,b]$ 上连续,在 (a,b) 内可导,$f(a) = f(b)$,则在 (a,b) 内至少存在一点 ξ,使得 $f'(\xi) = 0$.

证明 由 $f(x)$ 在 $[a,b]$ 上连续可知,$f(x)$ 在 $[a,b]$ 上一定存在最大值和最小值,不妨分别将最大值和最小值设为 M 和 m.

若 $M = m$,则 $f(x)$ 在 $[a,b]$ 上是常数,从而对任意的 $x \in (a,b)$,有 $f'(x) = 0$,结论成立.

若 $M \neq m$,由 $f(a) = f(b)$ 可知,最大值和最小值中至少有一个在 (a,b) 内,不妨设 $\xi \in (a,b)$,使得 $f(\xi) = m$. 因为 $f(x)$ 在 (a,b) 内可导,所以由费马引理得 $f'(\xi) = 0$.

罗尔中值定理的图形如图 3-2 所示.

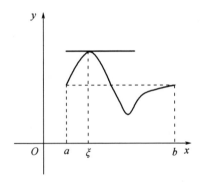

图 3-2

例 3.29 不求函数 $f(x) = (x-1)(x-2)(x-3)(x-4)$ 的导数,说明方程 $f'(x) = 0$ 有几个实根,并指出它们所在的区间.

解 函数 $f(x)$ 分别在 $[1,2]$,$[2,3]$,$[3,4]$ 上连续,分别在 $(1,2)$,$(2,3)$,$(3,4)$ 内可导,且 $f(1) = f(2) = f(3) = f(4) = 0$. 由罗尔中值定理知,至少存在一点 $\xi_1 \in (1,2)$,$\xi_2 \in (2,3)$,$\xi_3 \in (3,4)$,使得 $f'(x) = 0$,即 $f'(x) = 0$ 至少有三个实根. 又因 $f'(x) = 0$ 为三次多项式方程,故它至多有三个实根.

因此方程 $f'(x) = 0$ 有且仅有三个实根,分别位于区间 $(1,2)$,$(2,3)$,$(3,4)$ 内.

定理 3.14(拉格朗日中值定理) 如果函数 $f(x)$ 在 $[a,b]$ 上连续,在 (a,b) 内可导,则在 (a,b) 内至少存在一点 ξ,使得 $f(b)-f(a)=f'(\xi)(b-a)$.

证明 令 $F(x)=f(x)-\dfrac{f(b)-f(a)}{b-a}x$,则 $F(x)$ 在 $[a,b]$ 上连续,在 (a,b) 内可导,且 $F(a)=F(b)$. 由罗尔中值定理得,在 (a,b) 内至少存在一点 ξ,使得 $F'(\xi)=0$,即 $f'(\xi)-\dfrac{f(b)-f(a)}{b-a}=0$,即 $f(b)-f(a)=f'(\xi)(b-a)$.

拉格朗日中值定理的图形如图 3 – 3 所示.

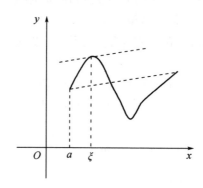

图 3 – 3

推论 3.1 如果函数 $f(x)$ 在 (a,b) 内可导,且 $f'(x)\equiv0$,则在 (a,b) 内 $f(x)$ 为常数.

例 3.30 设 $a>b>0$,证明:$\dfrac{a-b}{a}<\ln\dfrac{a}{b}<\dfrac{a-b}{b}$ 成立.

证明 取函数 $f(x)=\ln x$,$f(x)$ 在 $[b,a]$ 上连续,在 (b,a) 内可导,由拉格朗日中值定理可知,至少存在一点 $\xi\in(b,a)$,使 $f(a)-f(b)=f'(\xi)(a-b)$,即 $\ln a-\ln b=\dfrac{1}{\xi}(a-b)$. 由于 $0<b<\xi<a$,故 $0<\dfrac{1}{a}<\dfrac{1}{\xi}<\dfrac{1}{b}$,从而有

$$\frac{a-b}{a}<\frac{a-b}{\xi}<\frac{a-b}{b},$$

因此

$$\frac{a-b}{a}<\ln\frac{a}{b}<\frac{a-b}{b}.$$

定理 3.15(柯西中值定理) 设函数 $f(x),g(x)$ 在 $[a,b]$ 上都连续,在 (a,b) 内都可导,在 (a,b) 内 $g'(x)\neq0$,则在 (a,b) 内至少存在一点 ξ,使得 $\dfrac{f(b)-f(a)}{g(b)-g(a)}=\dfrac{f'(\xi)}{g'(\xi)}$.

第五节 泰勒中值定理

多项式函数是高等数学中一类最简单的函数. 如何把一个一般的函数表示成多项式函数, 是本节所要研究的内容.

定义 3.12(泰勒多项式) 如果 $f(x)$ 在点 x_0 处有 n 阶可导, 则称多项式

$$P_n(x) = f(x_0) + f'(x_0)(x - x_0) + \frac{1}{2!}f''(x_0)(x - x_0)^2 + \cdots +$$

$$\frac{1}{n!}f^{(n)}(x_0)(x - x_0)^n$$

为函数 $f(x)$ 在点 x_0 处的 n 次泰勒多项式.

定理 3.16(泰勒中值定理) 如果函数 $f(x)$ 在点 x_0 处的某邻域 $U(x_0)$ 内具有直到 $n+1$ 阶的导数, $P_n(x)$ 为 $f(x)$ 在点 x_0 处的泰勒多项式, 那么对任意的 $x \in U(x_0)$ 有

$$f(x) = f(x_0) + f'(x_0)(x - x_0) + \frac{f''(x_0)}{2!}(x - x_0)^2 + \cdots +$$

$$\frac{f^{(n)}(x_0)}{n!}(x - x_0)^n + R_n(x), \tag{3.6}$$

式中

$$R_n(x) = \frac{f^{(n+1)}(\xi)}{(n+1)!}(x - x_0)^{(n+1)}, \tag{3.7}$$

ξ 是介于 x 和 x_0 之间的某个值.

式 (3.6) 称为函数 $f(x)$ 的 n 阶泰勒公式, 式 (3.7) 中的 $R_n(x)$ 称为拉格朗日型余项. 又

$$f(x) = f(x_0) + f'(x_0)(x - x_0) + \frac{f''(x_0)}{2!}(x - x_0)^2 + \cdots +$$

$$\frac{f^{(n)}(x_0)}{n!}(x - x_0)^n + o((x - x_0)^n). \tag{3.8}$$

式 (3.8) 则称为函数 $f(x)$ 的带有佩亚诺型余项的泰勒公式.

式 (3.6) 在 $x_0 = 0$ 时的形式特别简单, 由于此时 ξ 介于 x 和 0 之间, 故可表示为 $\xi = \theta x, 0 < \theta < 1$. 通常称此时的泰勒公式为麦克劳林公式, 即

$$f(x) = f(0) + f'(0)x + \frac{f''(0)}{2!}x^2 + \cdots + \frac{f^{(n)}(0)}{n!}x^n + \frac{f^{(n+1)}(\theta x)}{(n+1)!}x^{n+1}.$$

例 3.31 求函数 $f(x) = e^x$ 的带有拉格朗日型余项的 n 阶麦克劳林公式.

解 因为 $(e^x)^{(n)} = e^x$, 对于任意 n, 有

$$e^x\big|_{x=0} = (e^x)'\big|_{x=0} = \cdots = (e^x)^n\big|_{x=0} = 1,$$

所以 $f(x) = e^x$ 的带有拉格朗日型余项的 n 阶麦克劳林公式为

$$e^x = 1 + x + \frac{1}{2!}x^2 + \cdots + \frac{1}{n!}x^n + \frac{e^{\theta x}}{(n+1)!}x^{n+1}, \quad 0 < \theta < 1.$$

例 3.32 求函数 $f(x) = \sin x$ 的带有佩亚诺型余项的 n 阶麦克劳林公式.

解 因为对任意的正整数 n 有

$$(\sin x)^{(n)} = \sin\left(x + n \cdot \frac{\pi}{2}\right),$$

$f(0) = 0, f'(0) = 1, f''(0) = 0, f'''(0) = -1, f^{(4)}(0) = 0, \cdots;$ 所以 $f(x) = \sin x$ 的带有佩亚诺型余项的麦克劳林公式为(令 $n = 2k$)

$$\sin x = x - \frac{1}{3!}x^3 + \cdots + (-1)^{k-1}\frac{1}{(2k-1)!}x^{2k-1} + o(x^{2k}).$$

例 3.33 求函数 $f(x) = \ln(1+x)$ 的麦克劳林公式.

解 由 $f(x) = \ln(1+x)$ 得

$$f'(x) = \frac{1}{1+x}, f''(x) = -\frac{1}{(1+x)^2}, \cdots, f^{(n)}(x) = \frac{(-1)^{n-1}(n-1)!}{(1+x)^n}.$$

所以它的带有佩亚诺型余项的麦克劳林公式为

$$\ln(1+x) = x - \frac{1}{2}x^2 + \frac{1}{3}x^3 - \cdots + (-1)^{n-1}\frac{1}{n}x^n + o(x^n),$$

它的带有拉格朗日型余项的麦克劳林公式为

$$\ln(1+x) = x - \frac{1}{2}x^2 + \frac{1}{3}x^3 - \cdots + (-1)^{n-1}\frac{1}{n}x^n +$$

$$\frac{(-1)^n}{(n+1)(1+\theta x)^{n+1}}x^{n+1}, 0 < \theta < 1.$$

例 3.34 求极限 $\lim\limits_{x \to 0} \dfrac{\cos x - e^{-\frac{x^2}{2}}}{x^4}$.

解

$$\cos x = 1 - \frac{1}{2!}x^2 + \frac{1}{4!}x^4 + o(x^4),$$

$$e^{-\frac{x^2}{2}} = 1 + \left(-\frac{x^2}{2}\right) + \frac{1}{2!}\left(-\frac{x^2}{2}\right)^2 + o\left(-\frac{x^2}{2}\right)^2,$$

$$\lim_{x \to 0} \frac{\cos x - e^{-\frac{x^2}{2}}}{x^4} = \frac{\left(1 - \frac{1}{2!}x^2 + \frac{1}{4!}x^4 + o(x^4)\right) - \left(1 - \frac{x^2}{2} + \frac{x^4}{8} + o(x^4)\right)}{x^4}$$

$$= \lim_{x \to 0} \frac{-\frac{x^4}{12} + o(x^4)}{x^4} = -\frac{1}{12}.$$

例3.35 求极限 $\lim\limits_{x\to 0}\dfrac{x-\sin x}{\sin x-x\cos x}$.

解 由于

$$\sin x = x - \frac{1}{3!}x^3 + o(x^3), x\cos x = x\left(1 - \frac{1}{2!}x^2 + o(x^2)\right) = x - \frac{1}{2!}x^3 + o(x^3),$$

因此

$$x - \sin x = x - \left(x - \frac{1}{3!}x^3 + o(x^3)\right) = \frac{1}{3!}x^3 + o(x^3),$$

$$\sin x - x\cos x = x - \frac{1}{3!}x^3 + o(x^3) - \left(x - \frac{1}{2!}x^3 + o(x^3)\right)$$

$$= \left(\frac{1}{2!} - \frac{1}{3!}\right)x^3 + o(x^3),$$

于是

$$\lim\limits_{x\to 0}\frac{x-\sin x}{\sin x-x\cos x} = \lim\limits_{x\to 0}\frac{\dfrac{1}{3!}x^3 + o(x^3)}{\left(\dfrac{1}{2!} - \dfrac{1}{3!}\right)x^3 + o(x^3)}$$

$$= \lim\limits_{x\to 0}\frac{\dfrac{1}{3!} + \dfrac{o(x^3)}{x^3}}{\dfrac{1}{2!} - \dfrac{1}{3!} + \dfrac{o(x^3)}{x^3}}$$

$$= \frac{\dfrac{1}{3!} + 0}{\dfrac{1}{2!} - \dfrac{1}{3!} + 0} = \frac{1}{2}.$$

第六节 洛必达法则

在求极限的过程中,经常会遇到一类问题:在自变量的某个变化过程中,函数 $f(x)$ 与 $g(x)$ 都趋近于零或都趋近于无穷大,这时极限 $\lim\dfrac{f(x)}{g(x)}$ 可能存在,也可能不存在,通常称这种商式为未定式,记为 $\dfrac{0}{0}$ 或 $\dfrac{\infty}{\infty}$. 下面给出这种未定式的求解方法.

一、$\dfrac{0}{0}$ 型或 $\dfrac{\infty}{\infty}$ 型

定理3.17(洛必达法则) 设函数 $f(x)$, $g(x)$ 在 $\overset{\circ}{U}(x_0)$ 内可导,并满足:

(1) $\lim\limits_{x \to x_0} f(x) = \lim\limits_{x \to x_0} g(x) = 0$；

(2) $g'(x) \neq 0$；

(3) $\lim\limits_{x \to x_0} \dfrac{f'(x)}{g'(x)} = A$（或为无穷大）.

则 $\lim\limits_{x \to x_0} \dfrac{f(x)}{g(x)} = \lim\limits_{x \to x_0} \dfrac{f'(x)}{g'(x)}$.

证明 设 $f(a) = g(a) = 0$. 任取 $x \in \overset{\circ}{U}(x_0)$，函数 $f(x), g(x)$ 在以 x 和 x_0 为端点的区间上满足柯西中值定理，从而有

$$\lim\limits_{x \to x_0} \frac{f(x)}{g(x)} = \lim\limits_{x \to x_0} \frac{f(x) - f(a)}{g(x) - g(a)} = \lim\limits_{\xi \to x_0} \frac{f(\xi)}{g(\xi)} = \lim\limits_{x \to x_0} \frac{f'(x)}{g'(x)}.$$

注 3.8 （1）上述定理对 x 的其他极限过程下的 $\dfrac{0}{0}$ 型未定式同样适用；

（2）对于 x 的某一极限过程下的 $\dfrac{\infty}{\infty}$ 型未定式，也有相应的洛必达法则.

定理 3.18（洛必达法则） 设函数 $f(x), g(x)$ 在 $\overset{\circ}{U}(x_0)$ 内可导，并满足：

（1）$\lim\limits_{x \to x_0} f(x) = \lim\limits_{x \to x_0} g(x) = \infty$；

（2）$g'(x) \neq 0$；

（3）$\lim\limits_{x \to x_0} \dfrac{f'(x)}{g'(x)} = A$（或为无穷大），则 $\lim\limits_{x \to x_0} \dfrac{f(x)}{g(x)} = \lim\limits_{x \to x_0} \dfrac{f'(x)}{g'(x)}$.

例 3.36 求极限 $\lim\limits_{x \to 0} \dfrac{e^{2x} - 1}{\sin x}$.

解 $\lim\limits_{x \to 0} \dfrac{e^{2x} - 1}{\sin x} = \lim\limits_{x \to 0} \dfrac{2e^{2x}}{\cos x} = \dfrac{2e^0}{\cos 0} = 2$.

例 3.37 求极限 $\lim\limits_{x \to 0} \dfrac{\tan x - x}{x^2 \sin x}$.

解 $\lim\limits_{x \to 0} \dfrac{\tan x - x}{x^2 \sin x} = \lim\limits_{x \to 0} \dfrac{\tan x - x}{x^3} = \lim\limits_{x \to 0} \dfrac{\sec^2 x - 1}{3x^2} = \lim\limits_{x \to 0} \dfrac{\tan^2 x}{3x^2} = \dfrac{1}{3}$.

例 3.38 求极限 $\lim\limits_{x \to \infty} \dfrac{\ln\left(1 + \dfrac{1}{x}\right)}{\operatorname{arccot} x}$.

解 $\lim\limits_{x \to +\infty} \dfrac{\ln\left(1 + \dfrac{1}{x}\right)}{\operatorname{arccot} x} = \lim\limits_{x \to +\infty} \dfrac{\dfrac{x}{1+x} \cdot \left(-\dfrac{1}{x^2}\right)}{-\dfrac{1}{1+x^2}} = \lim\limits_{x \to +\infty} \dfrac{1 + x^2}{x(1 + x)} = 1$.

注 3.9 （1）在使用洛必达法则时应验证所求极限是否是未定式；

（2）若 $\dfrac{f'(x)}{g'(x)}$ 仍为未定式且满足定理的条件，则可再次使用洛必达法则，即

在满足洛必达法则条件的情况下可多次使用洛必达法则,直到求出结果;

(3)洛必达法则可以与等价无穷小替换、初等恒等变形等技巧结合使用;

(4)若$\lim\dfrac{f'(x)}{g'(x)}$不存在也不是无穷大,则不能判定$\lim\dfrac{f(x)}{g(x)}$不存在.

二、$0 \cdot \infty$

例3.39　求极限$\lim\limits_{x \to 0^+} x^2 \ln x$.

解　$\lim\limits_{x \to 0^+} x^2 \ln x = \lim\limits_{x \to 0^+} \dfrac{\ln x}{\dfrac{1}{x^2}} = \lim\limits_{x \to 0^+} \dfrac{\dfrac{1}{x}}{-\dfrac{2}{x^3}} = -\lim\limits_{x \to 0^+} \dfrac{x^2}{2} = 0.$

例3.40　求极限$\lim\limits_{x \to 0}\left(\dfrac{1}{x} - \dfrac{1}{e^x - 1}\right)$.

解　$\lim\limits_{x \to 0}\left(\dfrac{1}{x} - \dfrac{1}{e^x - 1}\right) = \lim\limits_{x \to 0} \dfrac{e^x - 1 - x}{x(e^x - 1)} = \lim\limits_{x \to 0} \dfrac{e^x - 1 - x}{x^2} = \lim\limits_{x \to 0} \dfrac{e^x - 1}{2x} = \dfrac{1}{2}.$

三、$0^0, 1^\infty, \infty^0$ 型未定式的极限

例3.41　求极限$\lim\limits_{x \to 0^+} x^x$.

解　$\lim\limits_{x \to 0^+} x^x = \lim\limits_{x \to 0^+} e^{x \ln x} = e^{\lim\limits_{x \to 0^+} \frac{\ln x}{\frac{1}{x}}} = e^{\lim\limits_{x \to 0^+} \frac{\frac{1}{x}}{-\frac{1}{x^2}}} = e^{\lim\limits_{x \to 0^+} (-x)} = 1.$

例3.42　求极限$\lim\limits_{x \to 0}(\cos x)^{\frac{1}{x}}$.

解　$\lim\limits_{x \to 0}(\cos x)^{\frac{1}{x}} = \lim\limits_{x \to 0} e^{\ln(\cos x)^{\frac{1}{x}}} = e^{\lim\limits_{x \to 0} \frac{\ln \cos x}{x}} = e^{\lim\limits_{x \to 0} \frac{-\sin x}{1 \cdot \cos x}} = e^0 = 1.$

例3.43　求极限$\lim\limits_{x \to \frac{\pi}{2}^+} (\tan x)^{\cos x}$.

解　$\lim\limits_{x \to \frac{\pi}{2}^+} (\tan x)^{\cos x} = \lim\limits_{x \to \frac{\pi}{2}^+} e^{\ln(\tan x)^{\cos x}} = e^{\lim\limits_{x \to \frac{\pi}{2}^+} \frac{\ln \tan x}{\sec x}} = e^{\lim\limits_{x \to \frac{\pi}{2}^+} \frac{(\tan x)^{-1} \cdot \sec^2 x}{\sec x \cdot \tan x}} = e^{\lim\limits_{x \to \frac{\pi}{2}^+} \frac{\cos x}{\sin^2 x}} = $

$e^0 = 1.$

第七节　函数的单调性、曲线的凹凸性

一、　函数的单调性

定理3.19(单调性的判定)　设函数$y = f(x)$在$[a, b]$上连续,在(a, b)内

可导,则:

(1)如果在(a,b)内$f'(x)>0$,则$f(x)$在$[a,b]$上单调递增;

(2)如果在(a,b)内$f'(x)<0$,则$f(x)$在$[a,b]$上单调递减.

证明 (1)对于任意的$x_1,x_2\in(a,b)$,且$x_1<x_2$,因为$f(x)$在$[x_1,x_2]$上连续,在(x_1,x_2)内可导,由拉格朗日中值定理得,至少存在一点$\xi\in(a,b)$,使得$f(x_2)-f(x_1)=f'(\xi)(x_2-x_1)>0$,由$x_1,x_2$在$(a,b)$内的任意性知$f(x)$在$[a,b]$上单调递增.

对于(2)的证明与(1)类似.

注3.10 (1)根据开区间(a,b)内$f'(x)$的正负能推导出闭区间$[a,b]$上$f(x)$的单调性,因为$f(x)$在端点处连续;

(2)定理3.19的条件是充分不必要条件.

推论3.2 设$y=f(x)$在$[a,b]$上连续,在(a,b)内可导,则:

(1)如果在(a,b)内$f'(x)\geq0$(驻点有有限个),则函数$f(x)$在$[a,b]$上单调递增;

(2)如果在(a,b)内$f'(x)\leq0$(驻点有有限个),则函数$f(x)$在$[a,b]$上单调递减.

定义3.13(极值) 设函数$f(x)$在x_0的某个邻域$U(x_0)$内有定义,如果对任意$x\in\mathring{U}(x_0)$,都有$f(x)<f(x_0)$(或$f(x)>f(x_0)$),则称$f(x_0)$为函数$f(x)$的极大值(或极小值),x_0称为极大值点(或极小值点).函数的极大值、极小值统称为函数的极值;使函数取得极值的点统称为函数的极值点.

注3.11 (1)函数在一个区间上可能有几个极大值或极小值,函数的极大值和极小值是函数的局部性质;

(2)函数的极大值未必大于极小值;

(3)函数的极值点一定出现在区间内部,在区间的端点处不能取得极值.

定理3.20(极值的必要条件) 设函数$f(x)$在点x_0处可导,且取得极值,则$f'(x_0)=0$.

定理3.21(极值点、驻点与不可导点的关系)

(1)极值点只可能出现在驻点或不可导点处,但是驻点或不可导点是否是极值点需要进一步判定;

(2)可导的极值点必是驻点.

定理3.22(第一充分条件) 设函数$f(x)$在点x_0处连续,并在x_0的某去心邻域$\mathring{U}(x_0)$内可导,则有:

(1)当$x_0-\delta<x<x_0$时$f'(x_0)>0$,当$x_0<x<x_0+\delta$时$f'(x_0)<0$,则函数$f(x)$在x_0处取得极大值;

(2)当 $x_0 - \delta < x < x_0$ 时 $f'(x_0) < 0$,当 $x_0 < x < x_0 + \delta$ 时 $f'(x_0) > 0$,则函数 $f(x)$ 在 x_0 处取得极小值.

定理 3.23(第二充分条件) 设函数 $f(x)$ 在点 x_0 处 $f'(x_0) = 0$,$f''(x_0) \neq 0$,则有:

(1)当 $f''(x_0) < 0$ 时,函数 $f(x)$ 在点 x_0 处取得极大值;

(2)当 $f''(x_0) > 0$ 时,函数 $f(x)$ 在点 x_0 处取得极小值;

(3)若在点 x_0 处 $f''(x_0) = 0$,则无法判断.

求函数单调区间和极值的步骤:

(1)求出函数的定义域;

(2)求出所有的驻点及不可导点;

(3)用上述点把定义域分成若干区间,并判断函数在这些区间上一阶导数的符号;

(4)根据一阶导数的符号得到函数相应的单调区间;

(5)由定理 3.22 判断上述这些点哪些是极值点,哪些不是极值点.

例 3.44 求函数 $y = x^2(1+x)^{-1}$ 的单调区间和极值.

解 函数的定义域是 $(-\infty, -1) \cup (-1, +\infty)$,有

$$y' = 2x(1+x)^{-1} + x^2(-1)(1+x)^{-2} = \frac{2x(1+x) - x^2}{(1+x)^2} = \frac{x(2+x)}{(1+x)^2} = 0,$$

得 $x_1 = -2$,$x_2 = 0$. 则在 $(-\infty, -2)$ 上 $y' > 0$;在 $(-2, -1)$ 上 $y' < 0$;在 $(-1, 0)$ 上 $y' < 0$;在 $(0, +\infty)$ 上 $y' > 0$.

所以函数 $y = x^2(1+x)^{-1}$ 的单调增加区间是 $(-\infty, -2)$,$(0, +\infty)$,单调减少区间是 $(-2, -1)$,$(-1, 0)$. 由定理 3.22 可知极大值是 $f(-2) = -4$;极小值是 $f(0) = 0$.

例 3.45 求函数 $y = \dfrac{x^4}{4} - x^3$ 的极值.

解 函数的定义域是 $(-\infty, +\infty)$. $y' = x^3 - 3x^2 = x^2(x-3) = 0$,得 $x_1 = 0$,$x_2 = 3$.

因为 $y'' = 3x^2 - 6x$,$y''(3) = 9 > 0$,所以由定理 3.23 可知 $y(3) = -\dfrac{27}{4}$ 是极小值.

因为 $y''(0) = 0$,所以由定理 3.23 不能确定 $x = 0$ 处是否取极值. 当 $x < 0$ 时,$f'(x) < 0$;当 $0 < x < 3$ 时,$f'(x) < 0$;所以由定理 3.22 可知 $x = 0$ 处不是极值点.

例 3. 46 证明:当 $x > 1$ 时, $2\sqrt{x} > 3 - \dfrac{1}{x}$.

证明 令 $f(x) = 2\sqrt{x} - \left(3 - \dfrac{1}{x}\right)$,则 $f'(x) = \dfrac{1}{\sqrt{x}} - \dfrac{1}{x^2} = \dfrac{1}{x^2}(x\sqrt{x} - 1)$.

由于当 $x > 1$ 时, $f'(x) > 0$,因此 $f(x)$ 在 $[1, +\infty)$ 上单调递增.

所以当 $x > 1$ 时, $f(x) > f(1) = 0$,即 $2\sqrt{x} > 3 - \dfrac{1}{x}$.

例 3. 47 证明:当 $x > 0$ 时, $\sin x + \cos x > 1 + x - x^2$.

证明 令 $f(x) = \sin x + \cos x - 1 - x + x^2$,则

$$f'(x) = \cos x - \sin x - 1 + 2x, f''(x) = -\sin x - \cos x + 2 > 0.$$

所以 $f'(x)$ 在 $[0, +\infty)$ 上单调递增, $f'(x) > f'(0) = 0(x > 0)$.

从而 $f(x)$ 在 $[0, +\infty)$ 上单调递增, $f(x) > f(0) = 0(x > 0)$,即 $\sin x + \cos x > 1 + x - x^2$.

定理 3. 24(函数的最值) (1)闭区间上的连续函数必能取得最值,且最值点一定出现在端点、驻点和不可导点处;

(2)对于一般区间,若区间内部有唯一的极值点,则该极值点必是最值点.

注 3. 12 (1)最值是函数的全局性质;

(2)最值可能出现在区间内或端点处;

(3)最小值一定小于最大值;

(4)区间内部的最值点一定是极值点.

求最值的步骤:

(1)求出函数在相应开区间内的驻点及不可导点;

(2)计算函数在上述各点及端点处的函数值;

(3)比较上面的计算结果,最大(小)的为最大(小)值.

例 3. 48 求函数 $y = 2x^3 - 3x^2$ 在 $[-1, 4]$ 上的最大值与最小值.

解 函数在 $[-1, 4]$ 上可导,且 $y' = 6x^2 - 6x = 6x(x - 1)$,令 $y' = 0$,得驻点为 $x_1 = 0, x_2 = 1$. 由于 $f(-1) = -5, f(0) = 0, f(1) = -1, f(4) = 80$,得函数的最大值为 80,最小值为 -5.

例 3. 49 要造一个体积为 V 的圆柱形无盖水桶,底面半径 r 和高 h 各等于多少时,才能使所用材料最少?

解 圆柱形水桶的表面积为 $S = 2\pi rh + \pi r^2$. 因为 $V = \pi r^2 h$,所以 $h = \dfrac{V}{\pi r^2}$.

从而 $S = 2\pi rh + \pi r^2 = 2\pi r\dfrac{V}{\pi r^2} + \pi r^2 = \dfrac{2V}{r} + \pi r^2$, $S' = -\dfrac{2V}{r^2} + 2\pi r$,令 $S' = 0$ 得唯

一驻点 $r = \sqrt[3]{\dfrac{V}{\pi}}$.

由问题的实际意义知最值一定存在,所以唯一的驻点就是所求的最值点.

当 $h = \dfrac{V}{\pi r^2} = \sqrt[3]{\dfrac{V}{\pi}}$, $r = \sqrt[3]{\dfrac{V}{\pi}}$, 即当圆柱的高与底面半径相等时,所用材料最少.

二、曲线的凹凸性与拐点

定义 3.14(凹凸性、拐点) 设曲线 $y = f(x)$ 在区间 (a,b) 内各点都有切线,如果曲线上每一点的切线都在曲线的下方,则称曲线在区间 (a,b) 内是凹的,区间 (a,b) 称为曲线 $y = f(x)$ 的凹区间;如果曲线上每一点的切线都在曲线的上方,则称曲线在区间 (a,b) 内是凸的,区间 (a,b) 称为曲线 $y = f(x)$ 的凸区间.

连续曲线上凹凸区间的分界点称为拐点,拐点是曲线上的点,一般用坐标表示.

定理 3.25(凹凸性的判定) 设函数 $y = f(x)$ 在区间 $[a,b]$ 上连续,在区间 (a,b) 内可导. 那么:

(1)如果在区间 (a,b) 内 $f''(x) > 0$,则曲线 $y = f(x)$ 在区间 $[a,b]$ 上是凹的;

(2)如果在区间 (a,b) 内 $f''(x) < 0$,则曲线 $y = f(x)$ 在区间 $[a,b]$ 上是凸的.

例 3.50 求曲线 $y = \dfrac{10}{3}x^3 + 5x^2 + 10$ 的凹、凸区间及拐点.

解 函数 $y = \dfrac{10}{3}x^3 + 5x^2 + 10$ 的定义域是 $(-\infty, +\infty)$, $y' = 10x^2 + 10x$,

$y'' = 20x + 10$, 令 $y'' = 0$, 得 $x = -\dfrac{1}{2}$.

在区间 $\left(-\infty, -\dfrac{1}{2}\right)$ 内 $y'' < 0$, 在区间 $\left(-\dfrac{1}{2}, +\infty\right)$ 内 $y'' > 0$. 所以曲线的凹区间为 $\left(-\dfrac{1}{2}, +\infty\right)$, 凸区间为 $\left(-\infty, -\dfrac{1}{2}\right)$, 拐点为 $\left(-\dfrac{1}{2}, \dfrac{65}{6}\right)$.

求曲线的凹、凸区间及拐点的步骤:

(1)求函数的定义域;

(2)求出一阶导数、二阶导数,以及二阶导数等于零的点和不存在的点;

(3)用上述点将定义域分成若干区间,判断在这些区间上的二阶导数符号,进而判断出凹、凸区间及拐点.

定义 3.15（渐近线） 当曲线 $y = f(x)$ 上的一动点 P 沿曲线移向无穷远时，如果点 P 到某定直线 L 的距离趋近于零，那么直线 L 就称为曲线 $y = f(x)$ 的一条渐近线.

(1) 水平渐近线.

若 $\lim\limits_{x \to \infty} f(x) = c$（或 $x \to +\infty$，又或 $x \to -\infty$），则称直线 $y = c$ 为曲线 $y = f(x)$ 的水平渐近线.

(2) 垂直渐近线.

若 $\lim\limits_{x \to x_0} f(x) = \infty$（或 $x \to x_0^+$，又或 $x \to x_0^-$），则称直线 $\lim\limits_{x \to -\infty} [f(x) - (ax + b)] = 0$ 为曲线 $y = f(x)$ 的垂直渐近线.

(3) 斜渐近线.

若 $\lim\limits_{x \to +\infty} [f(x) - (ax + b)] = 0$ 或 $\lim\limits_{x \to -\infty} [f(x) - (ax + b)] = 0$ （a，b 为常数），则称直线 $y = ax + b$ 为曲线 $y = f(x)$ 的斜渐近线.

注 3.13 (1) 垂直渐近线 $x = x_0$ 中的点 x_0 必为无穷间断点，可以通过寻找函数无定义的点或分段函数的分段点得到.

(2) 斜渐近线的求法：$\lim\limits_{x \to \infty} \dfrac{f(x)}{x} = a$，$\lim\limits_{x \to \infty} [f(x) - ax] = b$.

例 3.51 求 $y = \dfrac{x^2 - 2x + 2}{x - 1}$ 的渐近线.

解 函数的定义域为 $(-\infty, 1) \cup (1, +\infty)$.

因为 $\lim\limits_{x \to \infty} f(x) = \lim\limits_{x \to \infty} \dfrac{x^2 - 2x + 2}{x - 1} = \infty$，所以没有水平渐近线.

因为 $\lim\limits_{x \to 1^-} f(x) = \lim\limits_{x \to 1^-} \dfrac{x^2 - 2x + 2}{x - 1} = -\infty$，$\lim\limits_{x \to 1^+} f(x) = \lim\limits_{x \to 1^+} \dfrac{x^2 - 2x + 2}{x - 1} = +\infty$，可知 $x = 1$ 为垂直渐近线（在 $x = 1$ 的两侧 x 的趋向不同）.

又 $\lim\limits_{x \to \infty} \dfrac{f(x)}{x} = \lim\limits_{x \to \infty} \dfrac{x^2 - 2x + 2}{x(x - 1)} = 1 = a$，$\lim\limits_{x \to \infty} [f(x) - ax] = \lim\limits_{x \to \infty} \left[\dfrac{x^2 - 2x + 2}{x(x - 1)} - x \right] = $

$\lim\limits_{x \to \infty} \dfrac{-x + 2}{x - 1} = -1 = b$，所以 $y = x - 1$ 是曲线的一条斜渐近线.

习　　题

1. 若函数 $f(x)$ 可导，求下列极限.

(1) $\lim\limits_{t \to 0} \dfrac{f(x_0 - t) - f(x_0)}{t}$；

(2) $\lim\limits_{h \to 0} \dfrac{f(x_0 + h) - f(x_0 - h)}{h}$；

(3) $\lim\limits_{x \to 0} \dfrac{f(1) - f(1 - \sin x)}{x}$；

(4) $\lim\limits_{h \to 0} \dfrac{h}{f(x_0) - f(x_0 - 3h)} f'(x_0) = -1$.

2. 讨论下列函数在指定点处的连续性和可导性.

$(1) f(x) = \begin{cases} x\sin\dfrac{1}{x}, & x \neq 0 \\ 0, & x = 0 \end{cases}$ 在点 $x = 0$ 处；

$(2) f(x) = \begin{cases} x^2, & x \geqslant 1 \\ x, & x < 1 \end{cases}$ 在点 $x = 1$ 处；

$(3) f(x) = \begin{cases} \dfrac{|x^2 - 1|}{x - 1}, & x \neq 1 \\ 2, & x = 1 \end{cases}$ 在点 $x = 1$ 处；

$(4) f(x) = \begin{cases} x^2\sin\dfrac{1}{x}, & x \neq 0 \\ 0, & x = 0 \end{cases}$ 在点 $x = 0$ 处.

3. 设函数 $f(x) = \begin{cases} \cos x, & x < 0, \\ 2x + 1, & x \geqslant 0, \end{cases}$ 求 $f'(x)$.

4. 要使函数 $f(x) = \begin{cases} x^2, & x \leqslant 1, \\ ax + b, & x > 1 \end{cases}$ 在 $x = 1$ 处可导, a, b 应取何值?

5. 求曲线 $y = \cos x$ 上点 $\left(\dfrac{\pi}{3}, \dfrac{1}{2}\right)$ 处的切线方程和法线方程.

6. 求下列函数的导数.

$(1) y = 6x^2 - \dfrac{2}{x^2} + 6$；　　　　　$(2) y = x^3(6x + \sqrt[3]{x})$；

$(3) y = x^5\sin x$；　　　　　　　　$(4) y = e^x\cos x$；

$(5) y = 6a^x + \dfrac{3}{x^3}$；　　　　　　　$(6) y = \tan x + \sec x + 6$；

$(7) y = \dfrac{x - 1}{x + 1}$；　　　　　　　　$(8) y = \dfrac{1 + \sin x}{1 + \cos x}$.

7. 求下列复合函数的导数.

$(1) y = (3x + 6)^5$；　　　$(2) y = \sin(6 - 5x)$；　　　$(3) y = \ln(1 + x^2)$；

$(4) y = \sqrt{a^2 - x^2}$；　　　$(5) y = (\arcsin x)^2$；　　　$(6) y = \ln\cos x$.

8. 设函数 $y = y(x)$ 由下列方程确定, 求导数 $\dfrac{dy}{dx}$.

$(1) x^3 + y^3 - 3xy = 0$；　　　$(2) xy = e^{x+y}$；　　　　　$(3) \ln y = 2 - ye^x$；

$(4) y = \sin(x + y)$；　　　　$(5) y = \tan(x + y)$；　　　$(6) e^{xy} + \tan xy = y$.

9. 求下列参数方程的导数.

$(1) \begin{cases} x = at^2 \\ y = bt^3 \end{cases}$；　　　　　$(2) \begin{cases} x = e^t\sin t \\ y = e^t\cos t \end{cases}$；　　　　　$(3) \begin{cases} x = e^t\sin t \\ y = e^t\cos t \end{cases}$；

$(4)\begin{cases}x = 1 + \sqrt{1 + t} \\ y = 1 - \sqrt{1 - t}\end{cases};$ $(5)\begin{cases}x = \ln(1 + t^2) \\ y = t - \arctan t\end{cases};$ $(6)\begin{cases}x = 1 + t^2 \\ y = \cos t\end{cases}.$

10. 求下列函数的高阶导数.

(1)设 $y = xe^x$，求 $y^{(n)}$；　　　　(2)设 $y = x\ln x$，求 $y^{(n)}$；

(3)设 $y = \ln(1 + x^2)$，求 y''；　　(4)设 $y = \dfrac{1 - x}{1 + x}$，求 $y^{(n)}$.

11. 求下列函数的微分.

$(1)y = \dfrac{2}{x} + \sqrt{x}$；　　$(2)y = 6x\sin 2x$；　　$(3)y = \dfrac{x}{\sqrt{x^2 + 1}}$；

$(4)y = [\ln(1 - x)]^2$；　$(5)y = \arcsin \sqrt{1 - x^2}$　$(6)y = \arctan \dfrac{1 - x^2}{1 + x^2}.$

12. 计算下列函数的近似值.

$(1)\cos 29°$；　　$(2)\tan 136°$；　　$(3)\sqrt[3]{996}$；　　$(4)\sqrt[6]{65}.$

13. 验证罗尔中值定理对函数 $y = \ln \sin x$ 在区间 $\left[\dfrac{\pi}{6}, \dfrac{5\pi}{6}\right]$ 上的正确性.

14. 验证拉格朗日中值定理对函数 $y = 4x^3 - 5x^2 + x - 2$ 在区间 $[0, 1]$ 上的正确性.

15. 对函数 $f(x) = \sin x$ 及 $g(x) = x + \cos x$ 在区间 $\left[0, \dfrac{\pi}{2}\right]$ 上验证柯西中值定理的正确性.

16. 证明下列等式.

$(1)\arcsin x + \arccos x = \dfrac{\pi}{2}, -1 \leqslant x \leqslant 1$；

$(2)\arctan x + \arctan x = \dfrac{\pi}{2}.$

17. 证明下列不等式.

(1)当 $a > b > 0, n > 1$ 时，$nb^{n-1}(a - b) < a^n - b^n < na^{n-1}(a - b)$；

(2)当 $a > b > 0$ 时，$\dfrac{a - b}{a} < \ln \dfrac{a}{b} < \dfrac{a - b}{b}$；

$(3)|\arctan a - \arctan b| \leqslant |a - b|$；

(4)当 $x > 1$ 时，$e^x > ex$；

(5)当 $x > 0$ 时，$\dfrac{x}{1 + x} < \ln(1 + x) < x.$

18. 若函数 $f(x)$ 在区间 (a, b) 内具有二阶导数，且 $f(x_1) = f(x_2) = f(x_3)$，其中 $a < x_1 < x_2 < x_3 < b$，证明在区间 (x_1, x_3) 内至少有一点 ξ，使得 $f''(\xi) = 0$.

19. 用洛必达法则求下列极限.

$(1) \lim\limits_{x \to e} \dfrac{\ln x - 1}{e - x}$；

$(2) \lim\limits_{x \to 0} \dfrac{\ln(1+x)}{x}$；

$(3) \lim\limits_{x \to 0} \dfrac{e^x - e^{-x}}{\sin x}$；

$(4) \lim\limits_{x \to a} \dfrac{\sin x - \sin a}{x - a}$；

$(5) \lim\limits_{x \to \frac{\pi}{2}} \dfrac{\ln \sin x}{(\pi - 2x)^2}$；

$(6) \lim\limits_{x \to 0} x \cot 2x$；

$(7) \lim\limits_{x \to +\infty} x \operatorname{arccot} x$；

$(8) \lim\limits_{x \to 0} \left(\dfrac{1}{x} - \dfrac{1}{\sin x} \right)$；

$(9) \lim\limits_{x \to +\infty} \left(\dfrac{1}{\ln x} - \dfrac{1}{x-1} \right)$；

$(10) \lim\limits_{x \to 0} x^{\tan x}$；

$(11) \lim\limits_{x \to 0} (\cos x)^{\frac{1}{x^2}}$；

$(12) \lim\limits_{x \to +\infty} \left(\dfrac{2}{\pi} \arctan x \right)^x$.

20. 按 $(x-4)$ 的乘幂形式展开多项式 $f(x) = x^4 + 4x^3 + x^2 + x + 2$.

21. 写出函数 $f(x) = \dfrac{1}{x}$ 在点 $x = -1$ 处的 n 阶泰勒公式.

22. 写出函数 $f(x) = xe^x$ 的 n 阶麦克劳林公式.

23. 求下列函数的单调区间.

$(1) y = 2x + \dfrac{8}{x}$；

$(2) y = \ln\left(x + \sqrt{1 + x^2} \right)$；

$(3) y = (x-1)(x+1)^3$；

$(4) y = \dfrac{e^x}{x^2}$；

$(5) y = \ln(1+x) - x$；

$(6) y = 2\sqrt[3]{x} + \sqrt[3]{x^2}$.

24. 利用函数的单调性证明下列不等式.

(1) 当 $x > 0$ 时，$1 + \dfrac{1}{2}x > \sqrt{1+x}$；

(2) 当 $x > 0$ 时，$\sin x + \tan x > 2x$；

(3) 当 $0 < x < \dfrac{\pi}{2}$ 时，$\tan x > x + \dfrac{1}{3}x^3$；

(4) 当 $x > 1$ 时，$e^{x-1} - 1 > x \ln x$.

25. 求下列函数的极值.

$(1) y = x^2 - 2x + 3$；

$(2) y = x + \sqrt{1-x}$；

$(3) y = \dfrac{1+3x}{\sqrt{2+x^2}}$；

$(4) y = e^x \cos x$；

$(5) y = 2 - (x-1)^{\frac{2}{3}}$；

$(6) y = 2x^3 - 6x^2 - 18x + 7$.

26. 求下列函数的最值.

$(1) y = x^4 - 8x^2 + 2, \ -1 \leqslant x \leqslant 4$；

$(2) y = x + \sqrt{1-x}, \ -5 \leqslant x \leqslant 1$.

27. 从一块半径为 R 的圆铁皮上挖去一个扇形做一个漏斗,扇形中心角 φ 取多大时做成的漏斗容积最大?

28. 某农夫要靠墙盖一座小屋,现有的砖头只能够砌 16 m 长的墙,长宽各是多少时小屋的面积最大?

29. 求下列曲线的凹、凸区间及拐点.

(1) $y = x^3 - 3x^2 + 3x + 5$；

(2) $y = \dfrac{\ln x}{x}$；

(3) $y = (x+1)^4 + e^x$；

(4) $y = x \arctan x$.

第四章　一元函数积分

第一节　不 定 积 分

一、不定积分的概念

定义 4.1(原函数)　设 $f(x)$ 是定义在区间 I 上的函数,若存在函数 $F(x)$,使得对任何 $x \in I$ 都有 $F'(x) = f(x)$ 或 $\mathrm{d}F(x) = f(x)\mathrm{d}x$,则称函数 $F(x)$ 为 $f(x)$ 在区间 I 上的一个原函数.

例 4.1　(1)因为 $\left(\dfrac{1}{2}x^2\right)' = x$,所以 $\dfrac{1}{2}x^2$ 是 x 的一个原函数;

(2)因为 $(\cos 6x)' = -6\sin 6x$,所以 $\cos 6x$ 是 $-6\sin 6x$ 的一个原函数.

注 4.1　(1)如果 $F(x)$ 为 $f(x)$ 在区间 I 上的一个原函数,则 $F(x) + C$(C 为任意常数)为 $f(x)$ 的全部原函数;

(2)如果 $F(x)$ 与 $G(x)$ 都为 $f(x)$ 在区间 I 上的原函数,则 $F(x)$ 与 $G(x)$ 至多相差一个常数,即 $G(x) = F(x) + C$.

定理 4.1(原函数存在定理)　如果函数 $f(x)$ 在区间 I 上连续,则 $f(x)$ 在区间 I 上存在原函数.

注 4.2　(1)因为初等函数在其定义域上都连续,所以初等函数一定存在原函数;

(2)初等函数的原函数不一定都是初等函数,例如 $\dfrac{\sin x}{x}$,e^{x^2},$\dfrac{1}{\ln x}$ 的原函数便不能用初等函数表示出来,这就是所谓的"积不出来".

定义 4.2　把函数 $f(x)$ 在区间 I 上的所有原函数称为 $f(x)$ 在 I 上的不定积分,记作

$$\int f(x)\mathrm{d}x,$$

式中,$\int$ 为积分符号;$f(x)$ 为被积函数;$f(x)\mathrm{d}x$ 为积分表达式;x 为积分变量.

由注 4.1 可知,若 $F(x)$ 为 $f(x)$ 在区间 I 上的一个原函数,则 $\int f(x)\mathrm{d}x = F(x) + C$ 为 $f(x)$ 在区间 I 上的不定积分.

注 4.3 （1）求不定积分，可归结为求它的一个原函数，再加上任意常数 C；

（2）用不同方法求不定积分，结果可能不同，但都是正确的，它们之间只不过相差一个常数，而该常数可以合并到任意常数 C.

例 4.2 $f(x),g(x)$ 同为 $F(x)$ 的原函数，且 $f(0)=5,g(0)=2$，求 $f(x)-g(x)$.

解 因为 $f(x),g(x)$ 同为 $F(x)$ 的原函数，所以 $f(x)=g(x)+C$，从而 $f(0)=g(0)+C,C=f(0)-g(0)=5-2=3$. 即 $f(x)-g(x)=3$.

例 4.3 求 $\int \dfrac{1}{1+x^2}\mathrm{d}x$.

解 因为 $(\arctan x)'=\dfrac{1}{1+x^2}$，所以

$$\int \frac{1}{1+x^2}\mathrm{d}x = \arctan x + C.$$

例 4.4 设曲线通过点 $(\mathrm{e}^2,3)$，且在任意一点处的切线斜率等于该点横坐标的倒数，求该曲线的方程.

解 设该曲线的方程为 $y=f(x)$，则点 (x,y) 处的切线斜率为 $f'(x)$，由题意知 $f'(x)=\dfrac{1}{x}$，所以

$$f(x) = \int \frac{1}{x}\mathrm{d}x = \ln|x| + C,$$

又曲线过点 $(\mathrm{e}^2,3)$，有 $f(\mathrm{e}^2)=3$ 得 $C=1$，所求曲线方程为

$$y = \ln x + 1.$$

二、不定积分的性质

定理 4.2（不定积分与求导、微分关系）

（1）$\dfrac{\mathrm{d}}{\mathrm{d}x}\left[\int f(x)\mathrm{d}x\right] = f(x)$；   （2）$\mathrm{d}\left[\int f(x)\mathrm{d}x\right] = f(x)\mathrm{d}x$；

（3）$\int F'(x)\mathrm{d}x = F(x) + C$；   （4）$\int \mathrm{d}F(x) = F(x) + C$.

定理 4.3（不定积分的线性性质）

（1）$\int[f(x)\pm g(x)]\mathrm{d}x = \int f(x)\mathrm{d}x \pm \int g(x)\mathrm{d}x$；

（2）$\int kf(x)\mathrm{d}x = k\int f(x)\mathrm{d}x$，$k$ 为非零常数.

注 4.4 定理 4.3（1）可以推广到有限个函数之和的情况.

定理4.4(基本积分公式)

$(1) \int x^n \mathrm{d}x = \dfrac{1}{n+1}x^{n+1} + C, n \neq -1;$ $\quad (2) \int \dfrac{1}{x}\mathrm{d}x = \ln|x| + C;$

$(3) \int \dfrac{1}{1+x^2}\mathrm{d}x = \arctan x + C;$ $\quad (4) \int \dfrac{1}{\sqrt{1-x^2}}\mathrm{d}x = \arcsin x + C;$

$(5) \int \cos x \mathrm{d}x = \sin x + C;$ $\quad (6) \int \sin x \mathrm{d}x = -\cos x + C;$

$(7) \int \sec^2 x \mathrm{d}x = \tan x + C;$ $\quad (8) \int \csc^2 x \mathrm{d}x = -\cot x + C;$

$(9) \int \sec x \tan x \mathrm{d}x = \sec x + C;$ $\quad (10) \int \csc x \cot x \mathrm{d}x = -\csc x + C;$

$(11) \int a^x \mathrm{d}x = \dfrac{1}{\ln a}a^x + C, a > 0, a \neq -1;$ $\quad (12) \int e^x \mathrm{d}x = e^x + C;$

$(13) \int \mathrm{sh}\, x \mathrm{d}x = \mathrm{ch}\, x + C;$ $\quad (14) \int \mathrm{ch}\, x \mathrm{d}x = \mathrm{sh}\, x + C.$

例4.5 已知 $f(x) = \tan x$，求 $\int f'(x)\mathrm{d}x$.

解 由定理4.2得 $\int f'(x)\mathrm{d}x = f(x) + C = \tan x + C.$

例4.6 若 e^{-x} 是 $f(x)$ 的原函数，求 $\int x^2 f(\ln x)\mathrm{d}x$.

解 由定义4.1得 $f(x) = (e^{-x})' = -e^{-x}, f(\ln x) = -e^{-\ln x} = -\dfrac{1}{x}$，所以

$\int x^2 f(\ln x)\mathrm{d}x = \int x^2\left(-\dfrac{1}{x}\right)\mathrm{d}x = -\dfrac{1}{2}x^2 + C.$

例4.7 求下列不定积分：

$(1) \int \dfrac{1}{x^3}\mathrm{d}x;$ $\qquad\qquad (2) \int 2^x e^x \mathrm{d}x.$

解 $(1) \int \dfrac{1}{x^3}\mathrm{d}x = \int x^{-3}\mathrm{d}x = \dfrac{1}{-3+1}x^{-3+1} + C = -\dfrac{1}{2}x^{-2} + C;$

$(2) \int 2^x e^x \mathrm{d}x = \int (2e)^x \mathrm{d}x = \dfrac{1}{\ln 2e}(2e)^x + C = \dfrac{2^x e^x}{\ln 2 + 1} + C.$

例4.8 求 $\int (e^x - 3\cos x + 2^x e^x)\mathrm{d}x$.

解 $\int (e^x - 3\cos x + 2^x e^x)\mathrm{d}x = \int e^x \mathrm{d}x - 3\int \cos x \mathrm{d}x + \int (2e)^x \mathrm{d}x$

$$= e^x - 3\sin x + \dfrac{(2e)^x}{1 + \ln 2} + C.$$

例 4.9 求 $\displaystyle\int \frac{(x-1)^3}{x^2}\mathrm{d}x.$

解 $\displaystyle\int \frac{(x-1)^3}{x^2}\mathrm{d}x = \int \frac{x^3 - 3x^2 + 3x - 1}{x^2}\mathrm{d}x = \int \left(x - 3 + \frac{3}{x} - \frac{1}{x^2}\right)\mathrm{d}x$

$$= \frac{x^2}{2} - 3x + 3\ln|x| + \frac{1}{x} + C.$$

例 4.10 求 $\displaystyle\int \tan^2 x\,\mathrm{d}x.$

解 $\displaystyle\int \tan^2 x\,\mathrm{d}x = \int (\sec^2 x - 1)\,\mathrm{d}x = \int \sec^2 x\,\mathrm{d}x - \int 1\,\mathrm{d}x = \tan x - x + C.$

例 4.11 求 $\displaystyle\int \tan x(\tan x - \sec x)\,\mathrm{d}x.$

解 $\displaystyle\int \tan x(\tan x - \sec x)\,\mathrm{d}x = \int (\tan^2 x - \tan x\sec x)\,\mathrm{d}x$

$$= \int \tan^2 x\,\mathrm{d}x - \int \tan x\sec x\,\mathrm{d}x$$

$$= \int (\sec^2 x - 1)\,\mathrm{d}x - \sec x$$

$$= \tan x - x - \sec x + C$$

例 4.12 求 $\displaystyle\int \frac{1}{\cos^2 x\sin^2 x}\mathrm{d}x.$

解 $\displaystyle\int \frac{1}{\cos^2 x\sin^2 x}\mathrm{d}x = \int \frac{\sin^2 x + \cos^2 x}{\cos^2 x\sin^2 x}\mathrm{d}x = \int \frac{1}{\cos^2 x}\mathrm{d}x + \int \frac{1}{\sin^2 x}\mathrm{d}x$

$$= \int \sec^2 x\,\mathrm{d}x + \int \csc^2 x\,\mathrm{d}x = \tan x - \cot x + C.$$

第二节　不定积分的计算方法

一、 第一类换元法(凑微分法)

定理 4.5(第一类换元法) 设 $F(u)$ 是 $f(u)$ 的一个原函数,$u = \varphi(x)$ 可导,那么

$$\int f(\varphi(x))\varphi'(x)\mathrm{d}x = \left[\int f(u)\mathrm{d}u\right]_{u=\varphi(x)} = \left[F(u) + C\right]_{u=\varphi(x)} = F(\varphi(x)) + C.$$

注 4.5 (1)定理 4.5 给出的方法主要处理两个函数相乘或复合函数的积分问题;

(2)在定理 4.5 中关键是将被积表达式凑成 $f(\varphi(x))$ 与 $\varphi'(x)$ 乘积的形式,即凑出微分 $\mathrm{d}\varphi(x)$;

(3)第一换元分为三步:先凑微分,再变量代换,最后还原.

定理 4.6(常见的凑微分形式)

(1) $\int f(ax+b)\mathrm{d}x = \dfrac{1}{a}\int f(ax+b)\mathrm{d}(ax+b),a\neq 0$;

(2) $\int \dfrac{1}{x}f(\ln x)\mathrm{d}x = \int f(\ln x)\mathrm{d}(\ln x)$;

(3) $\int \dfrac{1}{\sqrt{x}}f(\sqrt{x})\mathrm{d}x = 2\int f(\sqrt{x})\mathrm{d}(\sqrt{x})$;

(4) $\int \cos x f(\sin x)\mathrm{d}x = \int f(\sin x)\mathrm{d}(\sin x)$;

(5) $\int x^{n-1}f(x^n)\mathrm{d}x = \dfrac{1}{n}\int f(x^n)\mathrm{d}x^n$;

(6) $\int f'(x)f(x)\mathrm{d}x = \int f(x)\mathrm{d}f(x)$.

例 4.13 求 $\int (2x+1)^4\mathrm{d}x$.

解 $\displaystyle\int (2x+1)^4\mathrm{d}x = \frac{1}{2}\int (2x+1)^4(2x+1)'\mathrm{d}x = \frac{1}{2}\int (2x+1)^4\mathrm{d}(2x+1)$

$\underline{\underline{u=2x+1}}\ \dfrac{1}{2}\displaystyle\int u^4\mathrm{d}u = \frac{1}{2}\cdot\frac{u^5}{5}+C = \frac{u^5}{10}+C = \frac{1}{10}(2x+1)^5+C.$

例 4.14 求 $\int xe^{x^2}\mathrm{d}x$.

解 $\displaystyle\int xe^{x^2}\mathrm{d}x = \frac{1}{2}\int e^{x^2}(x^2)'\mathrm{d}x = \frac{1}{2}\int e^{x^2}\mathrm{d}x^2 = \frac{1}{2}e^{x^2}+C.$

例 4.15 求 $\int \dfrac{1}{\sqrt[3]{1+5x}}\mathrm{d}x$.

解 $\displaystyle\int \frac{1}{\sqrt[3]{1+5x}}\mathrm{d}x = \frac{1}{5}\int (1+5x)^{-\frac{1}{3}}\mathrm{d}(1+5x) = \frac{1}{5}\cdot\frac{3}{2}(1+5x)^{\frac{2}{3}}+C$

$\qquad\qquad = \dfrac{3}{10}(1+5x)^{\frac{2}{3}}+C.$

例 4.16 求 $\int \dfrac{\sin\sqrt{x}}{\sqrt{x}}\mathrm{d}x$.

解 $\displaystyle\int \frac{\sin\sqrt{x}}{\sqrt{x}}\mathrm{d}x = 2\int \sin\sqrt{x}\,\mathrm{d}\sqrt{x} = -2\cos\sqrt{x}+C.$

例 4.17 求 $\int \dfrac{\ln 2x}{x}\mathrm{d}x$.

解 $\displaystyle\int \frac{\ln 2x}{x}\mathrm{d}x = \int \frac{\ln 2x}{2x}\mathrm{d}(2x) = \int \ln 2x\,\mathrm{d}(\ln 2x) = \frac{1}{2}\ln^2 2x+C.$

例 4.18 求 $\int \dfrac{\mathrm{d}x}{\sqrt{a^2-x^2}}, a>0.$

解 $\int \dfrac{\mathrm{d}x}{\sqrt{a^2-x^2}} = \int \dfrac{\mathrm{d}x}{a\sqrt{1-\left(\dfrac{x}{a}\right)^2}} = \int \dfrac{\mathrm{d}\left(\dfrac{x}{a}\right)}{\sqrt{1-\left(\dfrac{x}{a}\right)^2}} = \arcsin\dfrac{x}{a} + C.$

例 4.19 求 $\int \dfrac{\mathrm{d}x}{x^2-2x+3}.$

解 $\int \dfrac{\mathrm{d}x}{x^2-2x+3} = \int \dfrac{1}{(x-1)^2+\sqrt{2}^2}\mathrm{d}(x-1) = \dfrac{1}{\sqrt{2}}\arctan\dfrac{x-1}{\sqrt{2}} + C.$

例 4.20 求 $\int \dfrac{\mathrm{d}x}{a^2-x^2}.$

解 $\int \dfrac{\mathrm{d}x}{a^2-x^2} = \int \dfrac{\mathrm{d}x}{(a-x)(a+x)} = \dfrac{1}{2a}\int\left(\dfrac{1}{a-x}+\dfrac{1}{a+x}\right)\mathrm{d}x$

$\qquad = \dfrac{1}{2a}\int\dfrac{1}{a-x}\mathrm{d}x + \dfrac{1}{2a}\int\dfrac{1}{a+x}\mathrm{d}x$

$\qquad = -\dfrac{1}{2a}\ln|a-x| + \dfrac{1}{2a}\ln|a+x| + C$

$\qquad = \dfrac{1}{2a}\ln\left|\dfrac{a+x}{a-x}\right| + C.$

例 4.21 求 $\int \sin^2 x\cos^3 x\mathrm{d}x.$

解 $\int \sin^2 x\cos^3 x\mathrm{d}x = \int \sin^2 x\cos^2 x\mathrm{d}(\sin x) = \int \sin^2 x(1-\sin^2 x)\mathrm{d}(\sin x)$

$\qquad = \int(\sin^2 x - \sin^4 x)\mathrm{d}(\sin x) = \dfrac{1}{3}\sin^3 x - \dfrac{1}{5}\sin^5 x + C.$

例 4.22 求 $\int \cos^3 x\mathrm{d}x.$

解 $\int \cos^3 x\mathrm{d}x = \int(1-\sin^2 x)\cos x\mathrm{d}x$

$\qquad = \int(1-\sin^2 x)\mathrm{d}(\sin x) = \sin x - \dfrac{\sin^3 x}{3} + C.$

注 4.6 函数为三角函数的乘积时,拆开奇次项凑微分;被积函数是三角函数的偶数次幂时,则通过降幂得到想要的结果。

例 4.23 求 $\int \tan x\mathrm{d}x.$

解 $\int \tan x\mathrm{d}x = \int\dfrac{\sin x}{\cos x}\mathrm{d}x = -\int\dfrac{1}{\cos x}\mathrm{d}(\cos x) = -\ln|\cos x| + C.$

例 4.24 $\int \csc x \mathrm{d}x.$

解 $\int \csc x \mathrm{d}x = \int \dfrac{1}{\sin x} \mathrm{d}x = \int \dfrac{1}{2\sin \dfrac{x}{2}\cos \dfrac{x}{2}} \mathrm{d}x = \int \dfrac{1}{2\tan \dfrac{x}{2}\cos^2 \dfrac{x}{2}} \mathrm{d}x$

$$= \int \dfrac{\dfrac{1}{2}\sec^2 \dfrac{x}{2}}{\tan \dfrac{x}{2}} \mathrm{d}x = \int \dfrac{1}{\tan \dfrac{x}{2}} \mathrm{d}\left(\tan \dfrac{x}{2}\right)$$

$$= \ln\left|\tan \dfrac{x}{2}\right| + C = \ln\left|\dfrac{\sin \dfrac{x}{2}}{\cos \dfrac{x}{2}}\right| + C = \ln\left|\dfrac{2\sin^2 \dfrac{x}{2}}{\sin x}\right| + C$$

$$= \ln\left|\dfrac{1 - \cos x}{\sin x}\right| + C = \ln|\csc x - \cot x| + C.$$

注 4.7 积分结果是否正确,可以对积分结果进行求导验证,若求导结果与被积函数相等,则结果正确.

二、第二类换元法

定理 4.7(第二类换元法) 设 $x = \varphi(t)$ 是单调、可导函数,且 $\varphi'(t) \neq 0$,又 $f(\varphi(t))\varphi'(t)$ 的一个原函数为 $F(t)$,则

$$\int f(x)\mathrm{d}x = \int f(\varphi(t))\varphi'(t)\mathrm{d}t = F(t) + C = F(\varphi^{-1}(x)) + C,$$

式中,$t = \varphi^{-1}(x)$ 为 $x = \varphi(t)$ 的反函数.

注 4.8 (1)由定理 4.7 可知,第二类换元法和第一类换元法的换元和回代过程是相反的.

(2)第二换元积分法可以分为两步:首先变量代换,然后还原.

定理 4.8(第二换元法常用的代换) (1)三角代换:含有 $a^2 \pm x^2, x^2 - a^2$ 等因式时考虑三角代换,含有 $a^2 - x^2$,则令 $x = a\sin t, t \in \left(-\dfrac{\pi}{2}, \dfrac{\pi}{2}\right)$;含有 $x^2 + a^2$,则令 $x = a\tan t, t \in \left(-\dfrac{\pi}{2}, \dfrac{\pi}{2}\right)$;含有 $x^2 - a^2$,则令 $x = a\sec t, t \in \left(0, \dfrac{\pi}{2}\right)$;

(2)根式代换:含有 $\sqrt[n]{ax+b}, \sqrt{\dfrac{ax+b}{cx+d}}$ 等因式时考虑根式代换,令 $t = \sqrt[n]{ax+b}, t = \sqrt{\dfrac{ax+b}{cx+d}}$;

(3)指数代换:含有 e^x 时考虑指数代换,令 $t = \mathrm{e}^x$.

例 4.25 求 $\int \dfrac{\mathrm{d}x}{1 + \sqrt[3]{x+2}}$.

解 由定理 4.8(2) 得，令 $\sqrt[3]{x+2} = t,$，那么 $x = t^3 - 2, \mathrm{d}x = 3t^2 \mathrm{d}t$，于是

$$\int \frac{\mathrm{d}x}{1 + \sqrt[3]{x+2}} = \int \frac{3u^2}{1+u}\mathrm{d}u = 3\int \left(t - 1 + \frac{1}{1+t}\right)\mathrm{d}t$$

$$= 3\left(\frac{u^2}{2} - u + \ln|1+u|\right) + C$$

$$= \frac{3}{2}\sqrt[3]{(x+2)^2} - 3\sqrt[3]{x+2} + 3\ln\left|1 + \sqrt[3]{x+2}\right| + C.$$

例 4.26 求 $\int \dfrac{1}{\sqrt{x}(1 + \sqrt[3]{x})}\mathrm{d}x$.

解 由定理 4.8(2) 得，令 $\sqrt[6]{x} = t,$，那么 $x = t^6, \mathrm{d}x = 6t^5\mathrm{d}t$，从而

$$\int \frac{1}{\sqrt{x}(1 + \sqrt[3]{x})}\mathrm{d}x = \int \frac{6t^5\mathrm{d}t}{t^3(1+t^2)} = 6\int \frac{t^2\mathrm{d}t}{1+t^2}$$

$$= 6\int \frac{t^2 + 1 - 1\mathrm{d}t}{1+t^2} = 6\int \left(1 - \frac{1}{1+t^2}\right)\mathrm{d}t$$

$$= 6(t - \arctan t) + C$$

$$= 6(\sqrt[6]{x} - \arctan \sqrt[6]{x}) + C.$$

例 4.27 求 $\int \dfrac{1}{1 + \mathrm{e}^x}\mathrm{d}x$.

解 由定理 4.8(3) 得，令 $t = \mathrm{e}^x, x = \ln t, \mathrm{d}x = \dfrac{1}{t}\mathrm{d}t$，则

$$\int \frac{1}{1 + \mathrm{e}^x}\mathrm{d}x = \int \frac{1}{1+t} \cdot \frac{1}{t}\mathrm{d}t = \int \left(\frac{1}{t} - \frac{1}{1+t}\right)\mathrm{d}t$$

$$= \ln\left|\frac{t}{1+t}\right| + C = \ln\left|\frac{\mathrm{e}^x}{1+\mathrm{e}^x}\right| + C.$$

例 4.28 求 $\int \dfrac{1}{\sqrt{1 + \mathrm{e}^x}}\mathrm{d}x$.

解 由定理 4.8(2) 得，令 $\sqrt{1 + \mathrm{e}^x} = t, x = \ln(t^2 - 1), \mathrm{d}x = \dfrac{2t}{t^2 - 1}$，于是

$$\int \frac{1}{\sqrt{1 + \mathrm{e}^x}}\mathrm{d}x = \int \frac{2t}{t(t^2 - 1)}\mathrm{d}t = \int \frac{2}{t^2 - 1}\mathrm{d}t$$

$$= \int \left(\frac{1}{t-1} - \frac{1}{t+1}\right)\mathrm{d}t = \ln\left|\frac{t-1}{t+1}\right| + C$$

$$= 2\ln(\sqrt{1 + \mathrm{e}^x} - 1) - x + C.$$

例 4.29　求 $\int \dfrac{1}{\sqrt{x^2-a^2}}\mathrm{d}x, a>0$.

解　当 $x>a$ 时,由定理 4.8(2)得,令 $x=a\sec t, 0<t<\dfrac{\pi}{2}$,那么 $\mathrm{d}x=a\tan t$

$\sec t\mathrm{d}t$,从而有

$$\int \frac{1}{\sqrt{x^2-a^2}}\mathrm{d}x=\int \frac{a\tan t\sec t}{a\tan t}\mathrm{d}t=\int \sec t\mathrm{d}t=\ln|\sec t+\tan t|+C$$

$$=\ln\left|\frac{x}{a}+\frac{\sqrt{x^2-a^2}}{a}\right|+C=\ln\left|x+\sqrt{x^2-a^2}\right|+C_1,$$

式中,$C_1=C-\ln a$.

当 $x<-a$ 时,令 $x=a\sec t, \dfrac{\pi}{2}<t<\pi$ 可类似计算.

例 4.30　求 $\int \sqrt{a^2-x^2}\mathrm{d}x, a>0$.

解　由定理 4.8(1)得,$x=a\sin t, -\dfrac{\pi}{2}\leqslant t\leqslant \dfrac{\pi}{2}$,那么 $\mathrm{d}x=a\cos t\mathrm{d}t$,于是有

$$\int \sqrt{a^2-x^2}\mathrm{d}x=\int a\cos t\cdot a\cos t\mathrm{d}t=a^2\int \frac{1+\cos 2t}{2}\mathrm{d}t$$

$$=a^2\left(\frac{t}{2}+\frac{\sin 2t}{4}\right)+C=\frac{a^2}{2}t+\frac{a^2}{2}\sin t\cos t+C$$

$$=\frac{a^2}{2}\arcsin\frac{x}{a}+\frac{1}{2}x\sqrt{a^2-x^2}+C.$$

例 4.31　求 $\int \dfrac{1}{\sqrt{a^2+x^2}}\mathrm{d}x, a>0$.

解　由定理 4.8(1)得,令 $x=a\tan t, -\dfrac{\pi}{2}<t<\dfrac{\pi}{2}$,那么 $\mathrm{d}x=a\sec^2 t\mathrm{d}t$,于是有

$$\int \frac{1}{\sqrt{a^2+x^2}}\mathrm{d}x=\int \frac{a\sec^2 t}{a\sec t}\mathrm{d}t=\int \sec t\mathrm{d}t=\ln|\sec t+\tan t|+C$$

$$=\ln\left|x+\sqrt{a^2+x^2}\right|+C.$$

除了基本积分公式外,再补充本节例题中的几个不定积分作为基本不定积分公式的补充:

(1) $\int \tan x\mathrm{d}x=-\ln|\cos x|+C$;

(2) $\int \cot x\mathrm{d}x=\ln|\sin x|+C$;

(3) $\int \sec x \mathrm{d}x = \ln|\sec x + \tan x| + C$;

(4) $\int \csc x \mathrm{d}x = \ln|\csc x - \cot x| + C$;

(5) $\int \dfrac{\mathrm{d}x}{a^2 - x^2} = \dfrac{1}{2a}\ln\left|\dfrac{a+x}{a-x}\right| + C$;

(6) $\int \dfrac{\mathrm{d}x}{a^2 + x^2} = \dfrac{1}{a}\arctan \dfrac{x}{a} + C$;

(7) $\int \dfrac{\mathrm{d}x}{\sqrt{a^2 - x^2}} = \arcsin \dfrac{x}{a} + C$;

(8) $\int \dfrac{1}{\sqrt{a^2 + x^2}}\mathrm{d}x = \ln\left|x + \sqrt{a^2 + x^2}\right| + C$;

(9) $\int \dfrac{1}{\sqrt{x^2 - a^2}}\mathrm{d}x = \ln\left|x + \sqrt{x^2 - a^2}\right| + C$;

(10) $\int \sqrt{a^2 - x^2}\,\mathrm{d}x = \dfrac{a^2}{2}\arcsin \dfrac{x}{a} + \dfrac{1}{2}x\sqrt{a^2 - x^2} + C$.

三、分部积分法

定理 4.9(分部积分法) 设函数 $u = u(x)$，$v = v(x)$ 均有连续导数，则有

$$\int uv'\mathrm{d}x = uv - \int vu'\mathrm{d}x.$$

注 4.9 分部积分法主要解决两个函数相乘形式的积分，关键是适当地选取 u，v. 一般要遵循以下原则：

(1) v' 的原函数 v 要容易求得；

(2) 不定积分 $\int u'v\mathrm{d}x$ 要比 $\int uv'\mathrm{d}x$ 容易积出.

例 4.32 求 $\int xe^{4x}\mathrm{d}x$.

解 令 $u = x$，$v' = e^{4x}$，则 $u' = 1$，$v = \dfrac{1}{4}e^{4x}$，那么有

$$\int xe^{4x}\mathrm{d}x = \int x\left(\dfrac{1}{4}e^{4x}\right)'\mathrm{d}x = \dfrac{1}{4}xe^{4x} - \dfrac{1}{4}\int e^{4x}\mathrm{d}x = \dfrac{1}{4}xe^{4x} - \dfrac{1}{16}e^{4x} + C.$$

例 4.33 求 $\int \ln 2x\mathrm{d}x$.

解 令 $u = \ln 2x$，$v' = 1$，则

$$\int \ln 2x\mathrm{d}x = x \cdot \ln 2x - \int x \cdot \dfrac{2}{2x}\mathrm{d}x = x\ln 2x - x + C.$$

例 4.34　求 $\int x^2 \sin x \mathrm{d}x$.

解　令 $u = x^2, v' = \sin x$, 则

$$\int x^2 \sin x \mathrm{d}x = -x^2 \cos x + \int 2x \cos x \mathrm{d}x$$

$$= -x^2 \cos x + 3x \sin x - \int 2 \sin x \mathrm{d}x$$

$$= -x^2 \cos x + 2x \sin x + 2 \cos x + C.$$

注 4.10　若被积函数是由幂函数(指数为正整数)和正(余)弦函数或指数函数相乘得到的,则一般选 u 为幂函数.

例 4.35　求 $\int x \arctan x \mathrm{d}x$.

解　令 $u = \arctan x, v' = x$, 则

$$\int x \arctan x \mathrm{d}x = \frac{x^2}{2} \arctan x - \int \frac{x^2}{2} (\arctan x)' \mathrm{d}x$$

$$= \frac{x^2}{2} \arctan x - \int \frac{x^2}{2} \cdot \frac{1}{1 + x^2} \mathrm{d}x$$

$$= \frac{x^2}{2} \arctan x - \int \frac{1}{2} \left(1 - \frac{1}{1 + x^2} \right) \mathrm{d}x$$

$$= \frac{x^2}{2} \arctan x - \frac{1}{2} (x - \arctan x) + C.$$

例 4.36　求 $\int x^3 \ln x \mathrm{d}x$.

解　令 $u = \ln x, v' = x^3$, 则

$$\int x^3 \ln x \mathrm{d}x = \frac{x^4}{4} \ln x - \int \frac{x^4}{4} (\ln x)' \mathrm{d}x = \frac{x^4}{4} \ln x - \int \frac{x^4}{4} \cdot \frac{1}{x} \mathrm{d}x$$

$$= \frac{x^4}{4} \ln x - \int \frac{x^3}{4} \mathrm{d}x$$

$$= \frac{x^4}{4} \ln x - \frac{x^4}{16} + C.$$

注 4.11　若被积函数是由幂函数和对数函数或反三角函数相乘得到的,那么一般选 u 为对数函数或反三角函数.

例 4.37　求 $\int e^x \sin x \mathrm{d}x$.

解　令 $u = \sin x, v' = e^x$, 则

$$\int e^x \sin x \mathrm{d}x = e^x \sin x - \int e^x (\sin x)' \mathrm{d}x = e^x \sin x - \int e^x \cos x \mathrm{d}x$$

$$= e^x \sin x - \left[e^x \cos x - \int e^x (\cos x)' \mathrm{d}x \right]$$

$$= e^x \sin x - e^x \cos x - \int e^x \sin x dx,$$

所以

$$\int e^x \sin x dx = \frac{1}{2} e^x (\sin x - \cos x) + C.$$

例 4.38 求 $\int e^{\sqrt{x}} dx.$

解 令 $t = \sqrt{x}$，则 $x = t^2, dx = 2t dt$，从而有

$$\int e^{\sqrt{x}} dx = \int e^t 2t dt = 2 \int e^t t dt$$
$$= 2(t - 1) e^t + C$$
$$= 2(\sqrt{x} - 1) e^{\sqrt{x}} + C.$$

例 4.39 如果 $\frac{\sin x}{x}$ 是 $f(x)$ 的一个原函数，求 $\int x f'(x) dx.$

解 因为

$$\int x f'(x) dx = x f(x) - \int x' f(x) dx = x f(x) - \int f(x) dx,$$

且

$$f(x) = \left(\frac{\sin x}{x}\right)' = \frac{x \cos x - \sin x}{x^2},$$

$$\int f(x) dx = \frac{\sin x}{x} + C,$$

所以

$$\int x f'(x) dx = x f(x) - \int f(x) dx$$

$$= x \frac{x \cos x - \sin x}{x^2} - \frac{\sin x}{x} + C$$

$$= \cos x - \frac{2 \sin x}{x} + C.$$

第三节 定 积 分

一、曲边梯形

定义 4.3(曲边梯形) 设 $y = f(x)$ 在区间 $[a, b]$ 上非负、连续. 由曲线 $y = f(x)$、直线 $x = a, x = b$ 和 x 轴所围成的图形称为曲边梯形,如图 4 - 1 所示.

下面讨论如何求曲边梯形的面积.

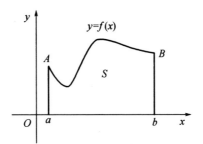

图 4 – 1

由于曲边梯形底边上各点处的高 $f(x)$ 在区间 $[a,b]$ 上是不断变化的,因此不能直接利用常规梯形的面积公式. 然而 $f(x)$ 在区间 $[a,b]$ 上是连续的,它在小区间上的改变量随着区间长度的变小而变小,所以采取以直代曲的近似方法求其面积:首先在区间 $[a,b]$ 上任意插入 $n-1$ 个分点 $x_1,x_2,\cdots,x_{n-1}$,使 $[a,b]$ 被分为 n 个小区间 $[x_0,x_1],[x_1,x_2],\cdots,[x_{n-1},x_n]$,其长度分别为 $\Delta x_1 = x_1 - x_0,\Delta x_2 = x_2 - x_1,\cdots,\Delta x_n = x_n - x_{n-1}$,其中 $x_0 = a,x_n = b$. 过每一个分点作平行于 y 轴的直线 $x = x_i$,将曲边梯形分为 n 个小曲边梯形. 其次在每个小区间 $[x_{i-1},x_i]$ 上任取一点 ξ_i,以 $[x_{i-1},x_i]$ 为底,$f(\xi_i)$ 为高的小矩形来近似代替第 i 个小曲边梯形,那么第 i 个小曲边梯形的面积 ΔA_i 便近似为 $f(\xi_i)\Delta x_i,i = 1,2,\cdots,n$. 然后把这样得到的 n 个小矩形的面积累加就得到曲边梯形面积的近似值,即 $A = \sum_{i=1}^{n} \Delta A_i \approx \sum_{i=1}^{n} f(\xi_i)\Delta x_i$. 最后令 $\lambda = \max\{\Delta x_1,\Delta x_2,\cdots,\Delta x_{n-1},\Delta x_n\} \to 0$,求极限

$$\lim_{\lambda \to 0} \sum_{i=1}^{n} f(\xi_i)\Delta x_i,$$

若该极限存在,那么它就是所求曲边梯形的面积,即

$$A = \lim_{\lambda \to 0} \sum_{i=1}^{n} f(\xi_i)\Delta x_i.$$

二、定积分的概念

定义 4.4 设 $f(x)$ 在区间 $[a,b]$ 上有界,在 $[a,b]$ 上任意插入 $n-1$ 个分点 $x_1,x_2,\cdots,x_{n-1}$,从而 $[a,b]$ 被分成 n 个小区间 $[x_0,x_1],[x_1,x_2],\cdots,[x_{n-1},x_n]$,令每一个小区间的长度为 $\Delta x_i = x_i - x_{i-1},i = 1,2,\cdots,n$;在每一个小区间 $[x_{i-1},x_i]$ 上任取一点 ξ_i,作乘积 $f(\xi_i)\Delta x_i,i = 1,2,\cdots,n$,得 $\sum_{i=1}^{n} f(\xi_i)\Delta x_i$;令 $\lambda = $

$\max\{\Delta x_i \mid 1 \le i \le n\}$, 如果 $\lim\limits_{\lambda \to 0} \sum\limits_{i=1}^{n} f(\xi_i) \Delta x_i = I$, 其中 I 是一个常数, 且 I 与区间 $[a,b]$ 的分割方式无关, 也与 ξ_i 的选取无关, 那么称 $f(x)$ 在区间 $[a,b]$ 上可积, 并称此极限值 I 为函数 $f(x)$ 在区间 $[a,b]$ 上的定积分, 记为 $\int_a^b f(x)\,\mathrm{d}x$, 即

$$\int_a^b f(x)\,\mathrm{d}x = \lim_{\lambda \to 0} \sum_{i=1}^{n} f(\xi_i) \Delta x_i,$$

式中, $f(x)$ 为被积函数; $f(x)\,\mathrm{d}x$ 为积分表达式; x 为积分变量; $[a,b]$ 为积分区间; a,b 分别为积分的下限和上限; $\sum\limits_{i=1}^{n} f(\xi_i) \Delta x_i$ 为黎曼积分和.

由定义 4.4 知, 曲边梯形面积为 $A = \int_a^b f(x)\,\mathrm{d}x$.

注 4.12 (1) 定积分 $\int_a^b f(x)\,\mathrm{d}x$ 是一个常数, 其值只与被积函数 $f(x)$ 和积分区间 $[a,b]$ 有关, 而与积分变量用什么字母无关, 即 $\int_a^b f(x)\,\mathrm{d}x = \int_a^b f(u)\,\mathrm{d}u$;

(2) 规定 $\int_a^a f(x)\,\mathrm{d}x = 0$, $\int_a^b f(x)\,\mathrm{d}x = -\int_b^a f(x)\,\mathrm{d}x$.

定理 4.10 如果函数 $f(x)$ 在区间 $[a,b]$ 上连续, 则 $f(x)$ 在 $[a,b]$ 上可积.

定理 4.11 如果函数 $f(x)$ 在区间 $[a,b]$ 上有界, 且只有有限个间断点, 则 $f(x)$ 在 $[a,b]$ 上可积.

三、几何意义

若在区间 $[a,b]$ 上, 函数 $f(x) \ge 0$, 则定积分 $\int_a^b f(x)\,\mathrm{d}x$ 的几何意义为由曲线 $y = f(x)$, 直线 $x = a$, $x = b$ 和 x 轴所围成的曲边梯形的面积. 若在区间 $[a,b]$ 上, 函数 $f(x) < 0$, 则曲边梯形位于 x 轴的下方, $f(\xi_i) < 0$, 而 $\Delta x_i = x_i - x_{i-1} > 0$, 因此 $f(\xi_i) \Delta x_i < 0$, 从而极限 $\lim\limits_{\lambda \to 0} \sum\limits_{i=1}^{n} f(\xi_i) \Delta x_i < 0$, 即 $\int_a^b f(x)\,\mathrm{d}x$ 的值为负, 从而定积分 $\int_a^b f(x)\,\mathrm{d}x$ 的值为曲线 $y = f(x)$, 直线 $x = a$, $x = b$ 和 x 轴所围成的曲边梯形的面积的相反数. 若函数 $f(x)$ 在区间 $[a,b]$ 上有正有负, 则该定积分就等于 x 轴上方的图形面积减去 x 轴下方的图形面积.

例 4.40 应用定积分的几何意义求 $\int_0^1 \sqrt{1 - x^2}\,\mathrm{d}x$.

解 由定积分的几何意义可知, 该定积分是由直线 $x = 0$, $y = \sqrt{1 - x^2}$, $x =$

1 所围成的四分之一圆的面积,为 $\frac{1}{4} \times \pi \times 1^2 = \frac{\pi}{4}$,因此

$$\int_0^1 \sqrt{1 - x^2}\, dx = \frac{\pi}{4}.$$

四、定积分的性质

定理 4.12(线性性质) 对任意常数 k_1, k_2,有

$$\int_a^b \left[k_1 f(x) \pm k_2 g(x) \right] = k_1 \int_a^b f(x)\, dx \pm k_2 \int_a^b g(x)\, dx.$$

定理 4.13(区间可加性)

$$\int_a^b f(x)\, dx = \int_a^c f(x)\, dx + \int_c^b f(x)\, dx.$$

定理 4.14(不等式性) 若在区间 $[a,b]$ 上 $f(x) \geqslant g(x)$,则

$$\int_a^b f(x)\, dx \geqslant \int_a^b g(x)\, dx.$$

定理 4.15(保号性) 若在区间 $[a,b]$ 上 $f(x) \geqslant 0$,则 $\int_a^b f(x)\, dx \geqslant 0$.

定理 4.16(绝对值可积性) 若函数 $f(x)$ 在区间 $[a,b]$ 上可积,则 $|f(x)|$ 在 $[a,b]$ 上一定可积,且

$$\left| \int_a^b f(x)\, dx \right| \leqslant \int_a^b |f(x)|\, dx.$$

定理 4.17(估值不等式) 若函数 $f(x)$ 在区间 $[a,b]$ 上的最小值和最大值分别为 m, M,则有

$$m(b - a) \leqslant \int_a^b f(x)\, dx \leqslant M(b - a).$$

定理 4.18(积分中值定理) 若函数 $f(x)$ 在区间 $[a,b]$ 上连续,则至少存在一点 $\xi \in [a,b]$,使得

$$\int_a^b f(x)\, dx = f(\xi)(b - a).$$

证明 由函数 $f(x)$ 在区间 $[a,b]$ 上连续知 $f(x)$ 在区间 $[a,b]$ 上一定存在最小值 m 和最大值 M,由定理 4.17 可得

$$m(b - a) \leqslant \int_a^b f(x)\, dx \leqslant M(b - a),$$

上式两边同除以 $b - a$,得

$$m \leqslant \frac{1}{b - a} \int_a^b f(x)\, dx \leqslant M,$$

从而至少存在一点 $\xi \in [a,b]$,使得 $\frac{1}{b - a} \int_a^b f(x)\, dx = f(\xi)$,即

$$\int_a^b f(x)\,\mathrm{d}x = f(\xi)(b - a).$$

例 4. 41 估计定积分 $I = \int_0^1 \mathrm{e}^{-x^2}\,\mathrm{d}x$ 的值.

解 设 $f(x) = \mathrm{e}^{-x^2}$,则 $f'(x) = -2x\mathrm{e}^{-x^2} < 0, x \in (0,1)$,所以 $f(x) = \mathrm{e}^{-x^2}$ 是单调递减函数,所以 e^{-x^2} 在 $[0,1]$ 上的最大值为 1,最小值为 e^{-1}.

所以 $\int_0^1 \mathrm{e}^{-1}\,\mathrm{d}x \leqslant \int_0^1 \mathrm{e}^{-x^2}\,\mathrm{d}x \leqslant \int_0^1 1\,\mathrm{d}x$,于是 $\mathrm{e}^{-1} \leqslant \int_0^1 \mathrm{e}^{-x^2}\,\mathrm{d}x \leqslant 1$.

例 4. 42 比较 $\int_0^1 x^2\,\mathrm{d}x$ 与 $\int_0^1 x^3\,\mathrm{d}x$ 的大小.

解 因为在区间 $[0,1]$ 上有 $x^2 > x^3$,所以 $\int_0^1 x^2\,\mathrm{d}x > \int_0^1 x^3\,\mathrm{d}x$.

例 4. 43 求函数 $f(x) = \sqrt{1 - x^2}$ 在闭区间 $[-1,1]$ 上的平均值.

证明 平均值为 $\dfrac{\displaystyle\int_{-1}^1 f(x)\,\mathrm{d}x}{1 - (-1)} = \dfrac{1}{2} \int_{-1}^1 \sqrt{1 - x^2}\,\mathrm{d}x = \dfrac{\pi}{4}$.

第四节 定积分的计算方法

一、积分上限函数

定义 4.5 设函数 $f(x)$ 在 $[a,b]$ 上连续,x 是 $[a,b]$ 上的任意一点,则由定积分 $F(x) = \int_a^x f(t)\,\mathrm{d}t$ 所定义的关于 x 的函数称为积分上限函数.

定理 4. 19 设函数 $f(x)$ 在 $[a,b]$ 上连续,则其积分上限函数 $F(x) = \int_a^x f(t)\,\mathrm{d}t$ 在 $[a,b]$ 上可导,并且 $F'(x) = f(x)$.

证明 对于自变量 x 的增量 Δx,相应的 $F(x)$ 的函数值增量为

$$\Delta F(x) = F(x + \Delta x) - F(x) = \int_a^{x+\Delta x} f(t)\,\mathrm{d}t - \int_a^x f(t)\,\mathrm{d}t$$

$$= \int_a^x f(t)\,\mathrm{d}t + \int_x^{x+\Delta x} f(t)\,\mathrm{d}t - \int_a^x f(t)\,\mathrm{d}t$$

$$= \int_x^{x+\Delta x} f(t)\,\mathrm{d}t \xequal{\text{积分中值定理}} f(x + \theta\Delta x)\Delta x,$$

其中 $0 < \theta < 1$,所以

$$F'(x) = \lim_{\Delta x \to 0} \frac{\Delta F(x)}{\Delta x} = \lim_{\Delta x \to 0} \frac{F(x + \Delta x) - F(x)}{\Delta x}$$

$$= \lim_{\Delta x \to 0} \frac{f(x + \theta \Delta x) \Delta x}{\Delta x} = f(x).$$

注 4.13 (1)积分上限函数的导数等于被积函数在积分上限的函数值,从而可知积分上限函数是被积函数的一个原函数;

(2)在区间 I 上连续的函数 $f(x)$ 的原函数一定存在;

(3)变下限积分函数可以转化为积分上限函数研究, $\int_x^b f(t)\mathrm{d}t = -\int_b^x f(t)\mathrm{d}t.$

定理 4.20(变限积分函数求导公式)

$$\left(\int_{\varphi(x)}^{\psi(x)} f(t)\mathrm{d}t \right)' = f(\psi(x))\psi'(x) - f(\varphi(x))\varphi'(x).$$

例 4.44 求 $F(x) = \int_0^x \mathrm{e}^{-t}\mathrm{d}t$ 的导数.

解 由定理 4.19 知, $F'(x) = \mathrm{e}^{-x}$.

例 4.45 已知 $y = \int_{x^2}^1 x f(t)\mathrm{d}t$,求 $y'(x)$.

解 因为 $y = \int_{x^2}^1 x f(t)\mathrm{d}t = x\int_{x^2}^1 f(t)\mathrm{d}t$,所以 $y'(x) = \left[x\int_{x^2}^1 f(t)\mathrm{d}t \right]' = \int_{x^2}^1 f(t)\mathrm{d}t - x f(x^2) \cdot 2x = \int_{x^2}^1 f(t)\mathrm{d}t - 2x^2 f(x^2).$

例 4.46 求 $F(x) = \int_{x^2}^{x^3} \dfrac{\mathrm{d}t}{\sqrt{1 + t^4}}$ 的导数.

解 由定理 4.20 得 $F'(x) = \dfrac{\mathrm{d}}{\mathrm{d}x}\left(\int_0^{x^3} \dfrac{\mathrm{d}t}{\sqrt{1 + t^4}} - \int_0^{x^2} \dfrac{\mathrm{d}t}{\sqrt{1 + t^4}} \right)$

$$= \frac{3x^2}{\sqrt{1 + x^{12}}} - \frac{2x}{\sqrt{1 + x^8}}.$$

例 4.47 求极限 $\lim\limits_{x \to 0} \dfrac{\int_0^x \cos t^2 \mathrm{d}t}{x}$.

解 $\lim\limits_{x \to 0} \dfrac{\int_0^x \cos t^2 \mathrm{d}t}{x} = \lim\limits_{x \to 0} \dfrac{\cos x^2}{1} = 1.$

二、牛顿－莱布尼茨公式

定理 4.21(牛顿－莱布尼茨公式) 设 $f(x)$ 在 $[a,b]$ 上连续, $F(x)$ 是 $f(x)$ 在 $[a,b]$ 上的一个原函数,则

$$\int_a^b f(x)\,dx = F(b) - F(a). \tag{4.1}$$

式(4.1)称为牛顿 – 莱布尼茨公式.

证明 由定理4.19知, $\int_a^x f(t)\,dt$ 也是 $f(x)$ 在 $[a,b]$ 上的一个原函数, 从而有

$$F(x) - \int_a^x f(t)\,dt = C,$$

其中 C 为常数. 当 $x = a$ 时, 有 $F(a) - \int_a^a f(t)\,dt = C$, 则 $C = F(a)$; 当 $x = b$ 时, 有 $F(b) - \int_a^b f(t)\,dt = F(a)$, 则 $\int_a^b f(x)\,dx = F(b) - F(a)$.

牛顿 – 莱布尼茨公式也可写为 $\int_a^b f(x)\,dx = F(x)\,\big|_a^b$.

例4.48 求定积分 $\int_0^1 x^5\,dx$.

解 $\int_0^1 x^5\,dx = \frac{1}{6}x^6\,\Big|_0^1 = \frac{1}{6} - 0 = \frac{1}{6}$.

例4.49 求定积分 $\int_{-1}^1 |x|\,dx$.

解 $\int_{-1}^1 |x|\,dx = \int_{-1}^0 (-x)\,dx + \int_0^1 x\,dx = -\frac{1}{2}x^2\,\Big|_{-1}^0 + \frac{1}{2}x^2\,\Big|_0^1 = 0 - \left[-\frac{1}{2}(-1)^2\right] + \frac{1}{2} - 0 = 1$.

例4.50 求不定积分 $f(x) = \begin{cases} x^2, & -1 < x < 0, \\ x, & 0 \leqslant x < 1, \end{cases}$ 求 $\int_{-1}^1 f(x)\,dx$.

解 $\int_{-1}^1 f(x)\,dx = \int_{-1}^0 x^2\,dx + \int_0^1 x\,dx = \frac{1}{3}x^3\,\Big|_{-1}^0 + \frac{1}{2}x^2\,\Big|_0^1 = \frac{1}{3} + \frac{1}{2} = \frac{5}{6}$.

三、定积分的换元法

定理4.22 设函数 $f(x)$ 在区间 $[a,b]$ 上连续, 函数 $x = \varphi(t)$ 满足条件:

(1) $\varphi(\alpha) = a, \varphi(\beta) = b$;

(2) $\varphi(t)$ 在 $[\alpha,\beta]$ (或 $[\beta,\alpha]$) 上具有连续导数 $\varphi'(t)$, 并且 $\varphi(t)$ 的值域为 $[a,b]$.

则有

$$\int_a^b f(x)\,dx = \int_\alpha^\beta f(\varphi(t))\varphi'(t)\,dt \tag{4.2}$$

式(4.2)称为定积分的换元积分公式.

注 4. 14　（1）定积分换元时,积分限要同时变换,上限对上限,下限对下限；

（2）求出换元后的原函数后不必回代,用变量 t 的积分限 α,β 直接计算即可.

例 4. 51　求定积分 $\int_{\frac{\pi}{3}}^{\pi}\sin\left(x+\frac{\pi}{3}\right)\mathrm{d}x$.

解　由 $\int_{\frac{\pi}{3}}^{\pi}\sin\left(x+\frac{\pi}{3}\right)\mathrm{d}x = \int_{\frac{\pi}{3}}^{\pi}\sin\left(x+\frac{\pi}{3}\right)\mathrm{d}\left(x+\frac{\pi}{3}\right)$

$$= \left[-\cos\left(x+\frac{\pi}{3}\right)\right]_{\frac{\pi}{3}}^{\pi} = 0.$$

例 4. 52　求定积分 $\int_{0}^{4}\frac{x+2}{\sqrt{2x+1}}\mathrm{d}x$.

解　令 $t=\sqrt{2x+1}$,则 $x=\frac{t^2-1}{2}$,$\mathrm{d}x=t\mathrm{d}t$,且 $x=0$ 时 $t=1$,$x=4$ 时 $t=3$,故

$$\int_{0}^{4}\frac{x+2}{\sqrt{2x+1}}\mathrm{d}x = \int_{1}^{3}\frac{\dfrac{t^2-1}{2}+2}{t}t\mathrm{d}t$$

$$= \frac{1}{2}\int_{1}^{3}(t^2+3)\mathrm{d}t$$

$$= \frac{1}{2}\left[\frac{t^3}{3}+3t\right]_{1}^{3} = \frac{22}{3}.$$

例 4. 53　求定积分 $\int_{0}^{a}\sqrt{a^2-x^2}\mathrm{d}x,a>0$.

解　令 $x=a\sin t$,则 $\mathrm{d}x=a\cos t\mathrm{d}t$. 当 $x=0$ 时,$t=0$；当 $x=a$ 时,$t=\frac{\pi}{2}$. 有

$$\int_{0}^{a}\sqrt{a^2-x^2}\mathrm{d}x = \int_{0}^{\frac{\pi}{2}}a\cos t\cdot a\cos t\mathrm{d}t$$

$$= a^2\int_{0}^{\frac{\pi}{2}}\cos^2t\mathrm{d}t = a^2\int_{0}^{\frac{\pi}{2}}\frac{1+\cos 2t}{2}\mathrm{d}t$$

$$= \frac{a^2}{2}\left(t+\frac{\sin 2t}{2}\right)\Big|_{0}^{\frac{\pi}{2}} = \frac{1}{4}\pi a^2.$$

四、定积分的分部积分法

定理 4. 23　设 $u(x),v(x)$ 在 $[a,b]$ 上连续且可导,则

$$\int_{a}^{b}u(x)v'(x)\mathrm{d}x = [u(x)v(x)]\,|_{a}^{b} - \int_{a}^{b}u'(x)v(x)\mathrm{d}x \qquad (4.3)$$

注 4. 15　式(4.3)为定积分的分部积分公式.

例 4.54 求定积分 $\int_0^1 (5x+1)e^{5x}dx$.

解 $\int_0^1 (5x+1)e^{5x}dx = \frac{e^{5x}}{5}(5x+1)\Big|_0^1 - \int_0^1 e^{5x}dx = \frac{6e^5-1}{5} - \frac{e^{5x}}{5}\Big|_0^1 = e^5$.

例 4.55 计算定积分 $I_n = \int_0^{\frac{\pi}{2}} \sin^n x dx$ 及 $I_n = \int_0^{\frac{\pi}{2}} \cos^n x dx$.

解 $I_n = \int_0^{\frac{\pi}{2}} \sin^n x dx = \int_0^{\frac{\pi}{2}} \sin^{n-1} x d(-\cos x)$

$= -(\sin^{n-1} x \cdot \cos x)\Big|_0^{\frac{\pi}{2}} + \int_0^{\frac{\pi}{2}} \cos x d(\sin^{n-1} x)$

$= (n-1)\int_0^{\frac{\pi}{2}} \sin^{n-2} x \cdot \cos^2 x dx$

$= (n-1)\int_0^{\frac{\pi}{2}} \sin^{n-2} x(1-\sin^2 x) dx$

$= (n-1)I_{n-2} - (n-1)I_n$.

移项并整理可得递推公式

$$I_n = \frac{n-1}{n}I_{n-2}, \quad n = 2,3,\cdots.$$

当 $n = 2k+1$ 为奇数时, 有 $I_{2k+1} = \frac{2k}{2k+1} \cdot \frac{2k-2}{2k-1} \cdot \cdots \cdot \frac{6}{7} \cdot \frac{4}{5} \cdot \frac{2}{3}I_1$; 当 $n = 2k$ 为偶数时, 有 $I_{2k} = \frac{2k-1}{2k} \cdot \frac{2k-3}{2k-2} \cdot \cdots \cdot \frac{5}{6} \cdot \frac{3}{4} \cdot \frac{1}{2}I_0$.

由于 $I_0 = \int_0^{\frac{\pi}{2}} dx = \frac{\pi}{2}$, $I_1 = \int_0^{\frac{\pi}{2}} \sin x dx = 1$, 因此 $I_{2k+1} = \frac{2k}{2k+1} \cdot \frac{2k-2}{2k-1} \cdot \cdots \cdot \frac{6}{7} \cdot \frac{4}{5} \cdot \frac{2}{3}$; $I_{2k} = \frac{2k-1}{2k} \cdot \frac{2k-3}{2k-2} \cdot \cdots \cdot \frac{5}{6} \cdot \frac{3}{4} \cdot \frac{1}{2} \cdot \frac{\pi}{2}$.

利用定积分的换元法易证 $\int_0^{\frac{\pi}{2}} \cos^n x dx = \int_0^{\frac{\pi}{2}} \sin^n x dx$.

例 4.56 计算积分 $\int_0^{\frac{\pi}{2}} \sin^4 x \cos^2 x dx$.

解 $\int_0^{\frac{\pi}{2}} \sin^4 x \cos^2 x dx = \int_0^{\frac{\pi}{2}} \sin^4 x(1-\sin^2 x) dx$

$= \int_0^{\frac{\pi}{2}} \sin^4 x dx - \int_0^{\frac{\pi}{2}} \sin^6 x dx$

$= \frac{3}{4} \cdot \frac{1}{2} \cdot \frac{\pi}{2} - \frac{5}{6} \cdot \frac{3}{4} \cdot \frac{1}{2} \cdot \frac{\pi}{2} = \frac{\pi}{32}$.

第五节 反 常 积 分

一、无穷限反常积分

定义 4.6 设 $f(x)$ 在 $[a, +\infty)$ 上连续,若极限 $\lim\limits_{b \to +\infty} \int_a^b f(x)\mathrm{d}x, b \geq a$ 存在,则称此极限值为 $f(x)$ 在无穷区间 $[a, +\infty)$ 上的无穷限反常积分,记作 $\int_a^{+\infty} f(x)\mathrm{d}x$, 即

$$\int_a^{+\infty} f(x)\mathrm{d}x = \lim_{b \to +\infty} \int_a^b f(x)\mathrm{d}x$$

也称反常积分 $\int_a^{+\infty} f(x)\mathrm{d}x$ 收敛;若上述极限不存在,则称反常积分 $\int_a^{+\infty} f(x)\mathrm{d}x$ 发散.

定义 4.7 设 $f(x)$ 在 $[-\infty, b)$ 上连续,若极限 $\lim\limits_{a \to -\infty} \int_a^b f(x)\mathrm{d}x, a \leq b$ 存在,则称此极限值为 $f(x)$ 在无穷区间 $[-\infty, b)$ 上的无穷限反常积分,记作 $\int_{-\infty}^b f(x)\mathrm{d}x$, 即

$$\int_{-\infty}^b f(x)\mathrm{d}x = \lim_{a \to -\infty} \int_a^b f(x)\mathrm{d}x.$$

定义 4.8 设 $f(x)$ 在 $(-\infty, +\infty)$ 上连续, $\int_{-\infty}^{+\infty} f(x)\mathrm{d}x = \int_{-\infty}^a f(x)\mathrm{d}x + \int_a^{+\infty} f(x)\mathrm{d}x$, 其中 a 为任意常数,如果该式右端两个积分同时收敛,则称无穷限反常积分 $\int_{-\infty}^{+\infty} f(x)\mathrm{d}x$ 收敛;否则称 $\int_{-\infty}^{+\infty} f(x)\mathrm{d}x$ 发散.

注 4.16 在定义 4.8 中为了计算方便常取 $a = 0$.

例 4.57 求无穷限反常积分 $\int_1^{+\infty} \dfrac{\mathrm{d}x}{x^4}$.

解 $\int_1^{+\infty} \dfrac{\mathrm{d}x}{x^4} = \left[-\dfrac{1}{3x^3}\right]_1^{+\infty} = \dfrac{1}{3}$.

例 4.58 证明:反常积分 $\int_1^{+\infty} \dfrac{1}{x^p}\mathrm{d}x$ 当 $p > 1$ 时收敛;当 $p \leq 1$ 时发散.

证明 当 $p = 1$ 时, $\int_1^{+\infty} \dfrac{1}{x^p}\mathrm{d}x = \int_1^{+\infty} \dfrac{1}{x}\mathrm{d}x = \ln x \Big|_1^{+\infty} = +\infty$; 当 $p \neq 1$ 时,

$y'' = f(y, y')$.

因此,当 $p>1$ 时, $\int_1^{+\infty} \dfrac{1}{x^p}\mathrm{d}x$ 收敛;当 $p \leqslant 1$ 时, $\int_1^{+\infty} \dfrac{1}{x^p}\mathrm{d}x$ 发散.

例 4.59 求无穷限反常积分 $\int_{-\infty}^{+\infty} \dfrac{\mathrm{d}x}{x^2+2x+2}$.

解 $\int_{-\infty}^{+\infty} \dfrac{\mathrm{d}x}{x^2+2x+2} = \int_{-\infty}^{0} \dfrac{\mathrm{d}(x+1)}{(x+1)^2+1} + \int_{0}^{+\infty} \dfrac{\mathrm{d}(x+1)}{(x+1)^2+1}$

$$= \left[\arctan(x+1)\right]_{-\infty}^{0} + \left[\arctan(x+1)\right]_{0}^{+\infty} = \pi.$$

二、瑕积分

定义 4.9(瑕点) 如果函数 $f(x)$ 在点 a 的任意邻域内都无界,则称点 a 为 $f(x)$ 的瑕点.

定义 4.10 设 $f(x)$ 在 $(a,b]$ 上连续, a 为 $f(x)$ 的瑕点.任取 A 满足 $a<A<b$,若极限 $\lim\limits_{A\to a^+}\int_A^b f(x)\mathrm{d}x$ 存在,则称瑕积分 $\int_a^b f(x)\mathrm{d}x$ 收敛,并称此极限值为该瑕积分的值,记作 $\int_a^b f(x)\mathrm{d}x = \lim\limits_{A\to a^+}\int_A^b f(x)\mathrm{d}x$;如果极限 $\lim\limits_{A\to a^+}\int_A^b f(x)\mathrm{d}x$ 不存在,则称该瑕积分发散.

定义 4.11 设函数 $f(x)$ 在区间 $[a,b)$ 上连续, b 为 $f(x)$ 的瑕点.任取 B 满足 $a<B<b$,若极限 $\lim\limits_{B\to b^-}\int_a^B f(x)\mathrm{d}x$ 存在,则称瑕积分 $\int_a^b f(x)\mathrm{d}x$ 收敛,并称此极限值为该瑕积分的值,记作 $\int_a^b f(x)\mathrm{d}x = \lim\limits_{B\to b^-}\int_a^B f(x)\mathrm{d}x$;如果极限 $\lim\limits_{B\to b^-}\int_a^B f(x)\mathrm{d}x$ 不存在,则称该瑕积分发散.

定义 4.12 设函数 $f(x)$ 在区间 $[a,b]$ 上除了 $c(a<c<b)$ 点外都连续, c 点为瑕点,如果瑕积分 $\int_a^c f(x)\mathrm{d}x$ 和 $\int_c^b f(x)\mathrm{d}x$ 都收敛,则

$$\int_a^b f(x)\mathrm{d}x = \int_a^c f(x)\mathrm{d}x + \int_c^b f(x)\mathrm{d}x$$

也收敛,否则称反常积分 $\int_a^b f(x)\mathrm{d}x$ 发散.

例 4.60 计算 $\int_0^1 \dfrac{x\mathrm{d}x}{\sqrt{1-x^2}}$.

解 $\int_0^1 \dfrac{x\mathrm{d}x}{\sqrt{1-x^2}} = \left[-\sqrt{1-x^2}\right]_0^1 = 1.$

例 4.61　讨论反常积分 $\displaystyle\int_0^1 \frac{1}{x^q}\mathrm{d}x$ 的敛散性,其中 q 为常数,$q > 0$.

解　因为 $\displaystyle\lim_{x \to 0^+} \frac{1}{x^q} = +\infty$,所以 $x = 0$ 为瑕点.

当 $q = 1$ 时,$\displaystyle\int_0^1 \frac{1}{x^q}\mathrm{d}x = \int_0^1 \frac{1}{x}\mathrm{d}x = \ln x \Big|_{0^+}^1 = \ln 1 - \lim_{x \to 0^+} \ln x = +\infty$;当 $q \neq$ 1 时,

$$\int_0^1 \frac{1}{x^q}\mathrm{d}x = \frac{1}{1-q}x^{1-q}\Big|_{0^+}^1 = \frac{1}{1-q} - \lim_{x \to 0^+} \frac{1}{1-q}x^{1-q} = \begin{cases} +\infty, & q > 1; \\ \dfrac{1}{1-q}, & q < 1. \end{cases}$$

因此,当 $0 < q < 1$ 时,$\displaystyle\int_0^1 \frac{1}{x^q}\mathrm{d}x$ 收敛;当 $q \geqslant 1$ 时,$\displaystyle\int_0^1 \frac{1}{x^q}\mathrm{d}x$ 发散.

第六节　定积分的应用

一、平面图形面积的计算

定义 4.13(X 型区域)　由两条曲线 $y = f(x)$, $y = g(x)$ ($f(x)$, $g(x)$ 在 $[a, b]$ 上连续,且 $f(x) \geqslant g(x)$) 及直线 $x = a$, $x = b$ 所围成的平面区域称为 X 型区域.

定义 4.14(Y 型区域)　由曲线 $x = \psi(y)$, $x = \varphi(y)$ ($\psi(y) \geqslant \varphi(y)$) 及直线 $y = c$, $y = d(c < d)$ 所围成的平面区域称为 Y 型区域.

X 型区域的面积公式为

$$A = \int_a^b [f(x) - g(x)]\mathrm{d}x. \tag{4.4}$$

Y 型区域的面积公式为

$$A = \int_c^d [\psi(y) - \varphi(y)]\mathrm{d}y. \tag{4.5}$$

例 4.62　计算由曲线 $y = \dfrac{1}{x}$ 与直线 $y = x$ 及 $x = 2$ 所围成图形的面积.

解　此图形为 X 型区域,所求面积为

$$A = \int_1^2 \left(x - \frac{1}{x}\right)\mathrm{d}x = \left[\frac{1}{2}x^2 - \ln x\right]_1^2 = \frac{3}{2} - \ln 2.$$

例 4.63　计算由曲线 $y = \ln x$, y 轴与直线 $y = \ln a$, $y = \ln b(b > a > 0)$ 所围成图形的面积.

解　此图形为 Y 型区域,所求面积为

$$A = \int_{\ln a}^{\ln b} e^y dy = e^y \Big|_{\ln a}^{\ln b} = b - a.$$

二、旋转体的体积

定义 4.15(旋转体) 一个平面图形绕该平面内一条定直线旋转一周而得到的立体图形称为旋转体,这条定直线称为旋转轴.

定理 4.24(旋转体体积) (1)函数 $y = f(x)$, $a \leq x \leq b$ 绕 x 轴旋转形成的旋转体体积为 $V_x = \pi \int_a^b [f(x)]^2 dx$;

(2)函数 $x = g(y)$, $c \leq y \leq d$ 绕 y 轴旋转形成的旋转体体积为 $V_y = \pi \int_c^d [g(y)]^2 dy$.

例 4.64 计算由 $x^2 + (y-5)^2 = 16$ 所围成的图形绕 x 轴旋转而成的旋转体的体积.

解 该旋转体可视为曲线 $y = 5 \pm \sqrt{16 - x^2}$, $-4 \leq x \leq 4$ 绕 x 轴旋转而成,

$$V = \pi \int_{-4}^4 f^2(x) dx = \pi \int_{-4}^4 (5 + \sqrt{16 - x^2})^2 dx - \pi \int_{-4}^4 (5 - \sqrt{16 - x^2})^2 dx$$

$$= 40\pi \int_0^4 \sqrt{16 - x^2} dx = 160\pi^2.$$

三、平面曲线的弧长

设曲线 l 的参数方程为

$$\begin{cases} x = x(t), \\ y = y(t), \end{cases} \alpha \leq t \leq \beta,$$

式中, $t = \alpha$, $t = \beta$ 分别对应端点 A, B 且 $x(t)$, $y(t)$ 都有连续的导数 $x'(t)$, $y'(t)$, 且 $x'^2(t) + y'^2(t) \neq 0$, 该曲线的弧长为

$$s = \int_\alpha^\beta \sqrt{x'^2(t) + y'^2(t)} dt \tag{4.9}$$

例 4.65 计算心形线 $r = a(1 + \cos\theta)$ 的全长.

解 由极坐标与直角坐标的关系可知 $\begin{cases} x = a(1 + \cos\theta)\cos\theta, \\ y = a(1 + \cos\theta)\sin\theta, \end{cases}$ 从而

$$\begin{cases} x' = -a(\sin\theta + 2\sin\theta\cos\theta) \\ y' = a(-\sin^2\theta + \cos\theta + \cos^2\theta) \end{cases}$$

所以

$$s = \int_0^\pi \sqrt{x'^2 + y'^2} dt$$

$$= a \int_0^\pi \sqrt{(\sin\theta + 2\sin\theta\cos\theta)^2 + (-\sin^2\theta + \cos\theta + \cos^2\theta)^2}\, d\theta = 8a.$$

若曲线的方程为 $y = f(x), a \leqslant x \leqslant b$, 则曲线的参数方程形式为

$$\begin{cases} x = x, \\ y = f(x), \end{cases} a \leqslant x \leqslant b,$$

由式(4.9)得弧长公式为

$$s = \int_a^b \sqrt{1 + f'^2(x)}\, dx. \tag{4.10}$$

例 4.66 计算曲线 $y = \dfrac{\sqrt{x}}{3}(3-x)$ 上相应于 $1 \leqslant x \leqslant 3$ 的一段弧的弧长.

解 $y' = \dfrac{1}{2\sqrt{x}} - \dfrac{1}{2}\sqrt{x}, y'^2 = \dfrac{1}{4x} - \dfrac{1}{2} + \dfrac{1}{4}x, \sqrt{1+y'^2} = \dfrac{1}{2}\left(\sqrt{x} + \dfrac{1}{\sqrt{x}}\right).$

因此所求弧长为

$$s = \frac{1}{2}\int_1^3 \left(\sqrt{x} + \frac{1}{\sqrt{x}}\right) dx = \left(\frac{1}{2}\left(\frac{2}{3}x^{\frac{3}{2}} + 2\sqrt{x}\right)\right)\Bigg|_1^3 = 2\sqrt{3} - \frac{4}{3}.$$

习 题

1. 在下列各式等号右端的括号里填上适当的系数,使等式成立.

(1) $dx = (\quad)d(5x+6)$；　　(2) $x\,dx = (\quad)d(9x^2)$；

(3) $e^{2x} = (\quad)d(e^{2x})$；　　(4) $\sin\dfrac{3}{2}x\,dx = (\quad)d\left(\cos\dfrac{3}{2}x\right)$；

(5) $\dfrac{dx}{1+9x^2} = (\quad)d(\arctan 3x)$；　(6) $\dfrac{x\,dx}{\sqrt{1-x^2}} = (\quad)d(\sqrt{1-x^2})$；

(7) $e^{-\frac{x}{2}}dx = d(\quad)$；　　(8) $\dfrac{dx}{x} = d(\quad)$.

2. 若函数 $f(x)$ 的一个原函数为 $\sin x - e^{-x}$, 求 $\int f(x)\,dx$.

3. 求下列不定积分.

(1) $\int x^2\sqrt{x}\,dx$；　　(2) $\int \dfrac{1}{x^2\sqrt{x}}dx$；

(3) $\int\left(2e^x + \dfrac{1}{x}\right)dx$；　　(4) $\int\left(\dfrac{1}{1+x^2} - 2\sec^2 x\right)dx$；

(5) $\int \dfrac{1+3x^2+3x^4}{1+x^2}dx$；　　(6) $\int(1-x^2)^2 dx$；

(7) $\int \dfrac{x^2}{x^2+1}dx$；　　(8) $\int \dfrac{\sin\sqrt{t}}{\sqrt{t}}dt$；

(9) $\int(\sin x - \cos x)\mathrm{d}x$;

(10) $\int\left(\dfrac{3}{\cos^2 x} + 2\right)\mathrm{d}x$;

(11) $\int x^2\sqrt{1 + x^3}\,\mathrm{d}x$;

(12) $\int\dfrac{3x^3}{1 - x^4}\mathrm{d}x$;

(13) $\int\dfrac{\mathrm{d}x}{4 - x^2}$;

(14) $\int\dfrac{\mathrm{d}x}{(x + 1)(x - 2)}$;

(15) $\int\dfrac{1 + \ln x}{(x\ln x)^2}\mathrm{d}x$;

(16) $\int\dfrac{\sin x\cos x}{1 + \sin^4 x}\mathrm{d}x$;

(17) $\int\cos^2(\omega t + \varphi)\sin(\omega t + \varphi)\mathrm{d}t$;

(18) $\int\dfrac{\sin x + \cos x}{\sqrt[3]{\sin x - \cos x}}\mathrm{d}x$;

(19) $\int\dfrac{x^2\mathrm{d}x}{\sqrt{a^2 - x^2}}$;

(20) $\int\dfrac{\mathrm{d}x}{x\sqrt{x^2 - 1}}$;

(21) $\int\dfrac{\mathrm{d}x}{1 + \sqrt{2x}}$;

(22) $\int\dfrac{\mathrm{d}x}{\sqrt{1 + e^x}}$.

4. 利用分部积分公式计算下列积分.

(1) $\int x\sin x\mathrm{d}x$;

(2) $\int\ln x\mathrm{d}x$;

(3) $\int\arcsin x\mathrm{d}x$;

(4) $\int xe^{-x}\mathrm{d}x$;

(5) $\int x^2\ln x\mathrm{d}x$;

(6) $\int e^{-x}\cos x\mathrm{d}x$;

(7) $\int e^{-2x}\sin\dfrac{x}{2}\mathrm{d}x$;

(8) $\int x^2\arctan x\mathrm{d}x$;

(9) $\int t\sin(\omega t + \varphi)\mathrm{d}t$;

(10) $\int(x^2 - 1)\sin 2x\mathrm{d}x$;

(11) $\int e^{ax}\cos nx\mathrm{d}x$;

(12) $\int e^{\sqrt[3]{x}}\mathrm{d}x$;

(13) $\int\cos\ln x\mathrm{d}x$;

(14) $\int\dfrac{(\ln x)^3}{x^2}\mathrm{d}x$;

(15) $\int x\ln(x - 1)\mathrm{d}x$;

(16) $\int x\sin x\cos x\mathrm{d}x$.

5. 利用第二换元法计算下列积分.

(1) $\int x^2\sqrt{4 - x^2}\,\mathrm{d}x$;

(2) $\int\dfrac{\mathrm{d}x}{\sqrt{(x^2 + 1)^3}}$;

(3) $\int\dfrac{\sqrt{x^2 - 9}}{x}\mathrm{d}x$;

(4) $\int\dfrac{\sqrt{1 + x} + 1}{\sqrt{1 + x} - 1}\mathrm{d}x$;

(5) $\int\sqrt{\dfrac{1 - x}{1 + x}}\cdot\dfrac{\mathrm{d}x}{(1 - x)^2}$;

(6) $\int\dfrac{\mathrm{d}x}{\sqrt{x} + \sqrt[4]{x}}$;

（7）$\int \dfrac{\mathrm{d}x}{\sqrt[3]{(x+1)^2(x-1)^4}}$；

（8）$\int \dfrac{\mathrm{d}x}{1+\sqrt[3]{x+1}}$；

（9）$\int \dfrac{\mathrm{d}x}{(1+\mathrm{e}^x)^2}$；

（10）$\int \dfrac{1}{x^2-5x+4}\mathrm{d}x$．

6. 利用定积分的几何意义求下列定积分.

（1）$\int_2^3 x\mathrm{d}x$；

（2）$\int_{-1}^1 |x|\mathrm{d}x$；

（3）$\int_0^2 \sqrt{4-x^2}\,\mathrm{d}x$；

（4）$\int_{-4}^4 \sqrt{16-x^2}\,\mathrm{d}x$．

7. 计算下列导数.

（1）$\dfrac{\mathrm{d}}{\mathrm{d}x}\int_a^b \cos x^4 \mathrm{d}x$；

（2）$\dfrac{\mathrm{d}}{\mathrm{d}x}\int_0^{x^4} \sqrt{1+t}\,\mathrm{d}t$；

（3）$\dfrac{\mathrm{d}}{\mathrm{d}x}\int_1^{2x} \mathrm{e}^{1+3t}\mathrm{d}t$；

（4）$\dfrac{\mathrm{d}}{\mathrm{d}x}\int_{x^3}^3 \mathrm{e}^{t+1}\mathrm{d}t$；

（5）$\dfrac{\mathrm{d}}{\mathrm{d}x}\int_x^{x^3} \sin t\mathrm{d}t$；

（6）$\dfrac{\mathrm{d}}{\mathrm{d}x}\int_{\sin x}^{\cos x} (t^2+1)\,\mathrm{d}t$．

8. 求下列极限.

（1）$\lim\limits_{x\to 0} \dfrac{\displaystyle\int_0^x \cos^2 t\mathrm{d}t}{x}$；

（2）$\lim\limits_{x\to 0} \dfrac{x^2}{\displaystyle\int_{\cos x}^1 \mathrm{e}^{-t^2}\mathrm{d}t}$；

（3）$\lim\limits_{x\to 0} \dfrac{\displaystyle\int_0^{\sin x} \sin t^2\mathrm{d}t}{x^3+x^4}$；

（4）$\lim\limits_{x\to 0} \dfrac{\displaystyle\int_0^x \cos t^2\mathrm{d}t - x}{\sin^5 x}$．

9. 计算下列定积分

（1）$\int_1^4 \dfrac{\sqrt{x}}{1+\sqrt{x}}\mathrm{d}x$；

（2）$\int_1^2 \dfrac{\mathrm{d}x}{\sqrt[3]{1+x}+1}$；

（3）$\int_0^1 x^3 \sqrt{1-x^2}\,\mathrm{d}x$；

（4）$\int_1^2 \dfrac{\sqrt{x^2-1}}{x^2}\mathrm{d}x$；

（5）$\int_0^{\frac{\pi}{2}} \sin\varphi\cos^3\varphi\mathrm{d}\varphi$；

（6）$\int_{-\sqrt{2}}^{\sqrt{2}} \sqrt{8-2x^2}\,\mathrm{d}x$；

（7）$\int_0^{\sqrt{2}} \sqrt{2-x^2}\,\mathrm{d}x$；

（8）$\int_1^{\sqrt{3}} \dfrac{\mathrm{d}x}{x^2 \sqrt{1+x^2}}$；

（9）$\int_1^4 \dfrac{\mathrm{d}x}{1+\sqrt{x}}$；

（10）$\int_3^1 \dfrac{\mathrm{d}x}{\sqrt{1-x}-1}$；

（11）$\int_0^1 x\mathrm{e}^{-\frac{x^2}{2}}\mathrm{d}x$；

（12）$\int_1^{\mathrm{e}^2} \dfrac{\mathrm{d}x}{x\sqrt{1+\ln x}}$；

(13) $\displaystyle\int_{-2}^{0} \frac{\mathrm{d}x}{x^2 + 2x + 2}$;

(14) $\displaystyle\int_{0}^{\frac{\pi}{2}} x\cos x\mathrm{d}x$;

(15) $\displaystyle\int_{\frac{1}{e}}^{e} |\ln x|\mathrm{d}x$;

(16) $\displaystyle\int_{0}^{\sqrt{\ln 2}} x^3 \mathrm{e}^{x^2}\mathrm{d}x$;

(17) $\displaystyle\int_{0}^{\frac{\pi}{2}} \mathrm{e}^x\cos x\mathrm{d}x$;

(18) $\displaystyle\int_{1}^{e} x\ln x\mathrm{d}x$;

(19) $\displaystyle\int_{0}^{\frac{\pi}{2}} \mathrm{e}^{\sin x}\cos x\mathrm{d}x$;

(20) $\displaystyle\int_{0}^{\frac{1}{2}\ln 3} \frac{\mathrm{d}x}{\mathrm{e}^x + \mathrm{e}^{-x}}$;

(21) $\displaystyle\int_{-\sqrt{2}}^{\sqrt{2}} \frac{x}{(1 + x^2)^2}\mathrm{d}x$;

(22) $\displaystyle\int_{0}^{1} \frac{\mathrm{d}x}{2 + \sqrt{x}}$;

(23) $\displaystyle\int_{1}^{5} \frac{\sqrt{x-1}}{x}\mathrm{d}x$;

(24) $\displaystyle\int_{0}^{\pi} (1 - \sin^3\theta)\mathrm{d}\theta$;

(25) $\displaystyle\int_{\frac{\pi}{6}}^{\frac{\pi}{2}} \cos^2 u\,\mathrm{d}u$;

(26) $\displaystyle\int_{-\frac{\pi}{2}}^{\frac{\pi}{2}} \cos x\cos 2x\mathrm{d}x$;

(27) $\displaystyle\int_{-\frac{\pi}{2}}^{\frac{\pi}{2}} \sqrt{\cos x - \cos^3 x}\,\mathrm{d}x$;

(28) $\displaystyle\int_{0}^{\pi} \sqrt{1 + \cos 2x}\,\mathrm{d}x$.

10. 利用函数的奇偶性计算下列定积分.

(1) $\displaystyle\int_{-\pi}^{\pi} x^4\sin x\mathrm{d}x$;

(2) $\displaystyle\int_{-\frac{1}{2}}^{\frac{1}{2}} \frac{(\arcsin x)^2}{\sqrt{1 - x^2}}\mathrm{d}x$;

(3) $\displaystyle\int_{-5}^{5} \frac{x^3\sin^2 x}{x^4 + 2x^2 + 1}\mathrm{d}x$;

(4) $\displaystyle\int_{-1}^{1} \frac{1}{2}(\mathrm{e}^x - \mathrm{e}^{-x})\mathrm{d}x$;

(5) $\displaystyle\int_{-1}^{1} x|x|\mathrm{d}x$;

(6) $\displaystyle\int_{-4}^{4} \frac{x^3\sin^2 x}{x^4 + 2x^2 + 2}\mathrm{d}x$.

11. 求下列平面图形的面积.

(1) $y = \sin x$ 与 x 轴在区间 $[0,\pi]$ 上所围成的图形;

(2) $y = x^3$ 与 $y = \sqrt[3]{x}$ 所围成的图形;

(3) $xy = 1$ 与 $y = x, x = 2$ 所围成的图形;

(4) $y = \mathrm{e}^x, y = \mathrm{e}^{-x}$ 与 $x = 1$ 所围成的图形;

(5) $y = x^2$ 与 $y = x, y = 2x$ 所围成的图形;

(6) 椭圆的圆周 $x = 4\cos t, y = 9\sin t$ 所围成的内部.

12. 求下列旋转体的体积.

(1) 由曲线 $y = x^3$ 与 $y = x$ 所围成的图形分别绕 x, y 轴旋转一周得到的旋转体;

(2) 由曲线 $y = \sqrt{x}$ 与 $x = 1, x = 4$ 和 x 轴所围成的平面图形绕 x 轴旋转得到的旋转体;

（3）由曲线 $y = x^2, x = y^2$ 绕 y 旋转得到的旋转体；

（4）由曲线 $x^2 + (y-5)^2 = 16$ 绕 x 轴旋转得到的旋转体；

（5）由曲线 $y = \ln x$ 及 $x = e, y = 0$ 所围成的图形绕 y 轴旋转得到的旋转体；

（6）由曲线 $y = \sqrt{x}$ 与 $x = 1, x = 4, x$ 轴所围成的图形绕 x 轴旋转得到的旋转体.

13. 求下列曲线的弧长.

（1）曲线 $y = \ln x$ 在 $[\sqrt{3}, \sqrt{8}]$ 上的一段弧；

（2）曲线 $y = \dfrac{\sqrt{x}}{3}(3-x)$ 在 $[1,3]$ 上的一段弧；

（3）星形线 $x = a\cos^3 t, y = a\sin^3 t$ 的全长；

（4）心脏线 $\rho = 1 + \cos\theta$ 的全长；

（5）曲线 $y = e^{\frac{x}{2}} + e^{-\frac{x}{2}}$ 在 $[-1,1]$ 上的一段弧.

14. 判断下列反常积分的敛散性，如果收敛则计算广义积分的值.

（1）$\displaystyle\int_1^{+\infty} \dfrac{\mathrm{d}x}{\sqrt{x}}$；

（2）$\displaystyle\int_0^{+\infty} e^{-ax}\mathrm{d}x, a > 0$；

（3）$\displaystyle\int_{-\infty}^{+\infty} \dfrac{\mathrm{d}x}{x^2 + 2x + 2}$；

（4）$\displaystyle\int_1^{+\infty} \dfrac{\mathrm{d}x}{x(x+1)}$；

（5）$\displaystyle\int_1^{+\infty} \dfrac{e^{\frac{1}{x}}\mathrm{d}x}{x^2}$；

（6）$\displaystyle\int_{-\infty}^0 xe^x \mathrm{d}x$；

（7）$\displaystyle\int_{-1}^0 \dfrac{\mathrm{d}x}{1+x}$；

（8）$\displaystyle\int_0^1 \dfrac{x\mathrm{d}x}{\sqrt{1-x^2}}$.

第五章 微分方程

在许多问题中,不仅要研究变量与变量之间的关系,还要研究变量与变量的导数(或微分)之间的关系,这就是微分方程所要研究的内容. 微分方程历史悠久,应用广泛,是许多研究领域的重要工具.

第一节 一阶微分方程

一、微分方程的基本概念

例 5.1 已知曲线过点$(1,1)$,且在每点处的切线斜率等于该点的纵坐标的两倍,求该曲线的方程.

解 设所求曲线的方程为$y = y(x)$,由导数的几何意义可知,该曲线应满足方程$\dfrac{dy}{dx} = 2y$,且$y(1) = 1$. 易验证,对任意的常数C,函数$y = Ce^{2x}$满足上述方程. 而方程$y = e^{2(x-1)}$同时满足$\dfrac{dy}{dx} = 2y$和$y(1) = 1$.

例 5.2 汽车以86 km/h的速度沿直公路行驶,行驶过程中发现前方有交通事故,需要减速停车,减速期间的加速度为$a = -9$ m/s². 设汽车的位移与时间之间的关系为$s = s(t)$,由二阶导数的物理意义可知,$\dfrac{d^2 s}{dt^2}$是该运动的加速度,于是有$\dfrac{d^2 s}{dt^2} = -9$.

例 5.1 和例 5.2 中根据各自问题的实际意义列出来的方程都含有未知函数的导数,像这样的一类方程就是微分方程.

定义 5.1 含有自变量、未知函数及未知数的导数(或微分)的方程称为微分方程,一般表示为$F(x, y, y', y'', \cdots, y^{(n)}) = 0$.

未知函数为一元函数的微分方程称为常微分方程;未知函数为多元函数的微分方程称为偏微分方程.

本章只讨论常微分方程,常微分方程又简称微分方程或方程.

定义 5.2 如果微分方程中所含有的未知函数及其各阶导数均为一次方,

则称该微分方程为线性微分方程. 例如 $y''' + xy'' = e^x$ 是三阶线性微分方程,而是 $y''' + xy'^2 = \cos x$ 二阶非线性微分方程.

定义 5.3 如果微分方程中未知函数及其各阶导数的系数均为常数,则该方程称为常系数微分方程. 例如 $y'' + y' = 2x$ 是常系数微分方程;而 $y'' + xy' = \cos x$ 不是常系数微分方程.

定义 5.4 微分方程中所出现的未知函数的最高阶导数的阶数称为微分方程的阶. 例如:

(1) $\dfrac{\mathrm{d}y}{\mathrm{d}x} = 2y$ 为一阶微分方程;

(2) $\dfrac{\mathrm{d}^2 s}{\mathrm{d}t^2} = -9$ 为二阶微分方程;

(3) $F(x, y, y', y'', \cdots, y^{(n)}) = 0$ 为 n 阶微分方程的一般形式.

一般称二阶及二阶以上的微分方程为高阶微分方程.

注 5.1 在微分方程中,未知函数和自变量可以不出现,但未知函数的导数必须出现.

定义 5.5(解、通解、特解、初始条件) (1)如果把函数及其导数代入微分方程,能使方程成为恒等式,则称此函数为该微分方程的解;

(2)含有相互独立的任意常数且常数个数等于阶数的解称为微分方程的通解;不含任意常数的解称为微分方程的特解;

(3)把条件 $y(x_0) = y_0, y'(x_0) = y_1, \cdots, y^{(n-1)}(x_0) = y_{n-1}$ 称为 n 阶微分方程的初始条件,其中 $x_0, y_0, y_1, \cdots, y_{n-1}$ 都是给定的值. 例如在例 5.1 中条件 $y(1) = 1$ 就是初始条件,可以用来确定通解中任意常数的值. 一般地,初始条件的个数等于微分方程的阶数.

注 5.2 (1)通解中所含相互独立的任意常数的个数必须与微分方法的阶数相同;

(2)若两个常数不能通过运算合并为一个常数,则这两个常数就是相互独立的,例如 $y = C_1 x + C_2$ 中的两个任意常数不能合并为一个常数,所以这两个任意常数是相互独立的;$y = x + C_1 + C_2$ 中的两个任意常数可以合并为一个常数,因此这两个任意常数不是相互独立的;

(3)从几何上来看,微分方程的特解的几何图形称为积分曲线;通解的几何图形是积分曲线族.

例 5.3 验证函数 $y = x^2 + C_1 x + C_2$ 是微分方程 $y'' = 2$ 的解,并说明 y 是否是通解. 如果是,求满足 $y(0) = 0, y'(0) = 1$ 的特解.

解 将函数 $y = x^2 + C_1 x + C_2$ 求导得 $y' = 2x + C_1, y'' = 2$,所以函数 $y = x^2 +$

$C_1 x + C_2$ 是微分方程 $y'' = 2$ 的解. 又因为 $y = x^2 + C_1 x + C_2$ 中含有两个任意常数 C_1, C_2, 与方程阶数相同, 所以是通解. 因为 $y(0) = 0, y'(0) = 1$, 所以 $C_1 = 1$, $C_2 = 0$, 满足 $y(0) = 0, y'(0) = 1$ 的特解为 $y = x^2 + x$.

例 5.4 验证函数 $y = C\cos 2x$ 是否是微分方程 $y'' + 4y = 0$ 的解. 如果是解, 指出是通解还是特解.

解 对 $y = C\cos 2x$ 求导得

$$y' = -2C\sin 2x, \quad y'' = -4C\cos 2x,$$

代入微分方程得

$$y'' + 4y = -4C\cos 2x + 4C\cos 2x = 0,$$

所以 $y = C\cos 2x$ 是微分方程 $y'' + 4y = 0$ 的解. 因为该微分方程为二阶微分方程, 所以通解中应该含有两个任意常数, 但 $y = C\cos 2x$ 只含有一个任意常数, 故该解既不是通解也不是特解.

二、线性微分方程解的结构

设 n 阶线性微分方程的一般形式为

$$y^{(n)} + p_1(x)y^{(n-1)} + p_2(x)y^{(n-2)} + \cdots + p_n(x)y = f(x), \qquad (5.1)$$

式中, 系数 $p_1(x), p_2(x), \cdots, p_n(x)$ 及 $f(x)$ 为已知函数.

当 $f(x) \neq 0$ 时, 称式(5.1)为非齐次线性微分方程; 当 $f(x) = 0$ 时, 称式(5.1)为齐次线性微分方程.

下面以二阶线性微分方程为例来探讨线性微分方程解的结构.

二阶非齐次线性微分方程的一般形式为

$$y'' + p(x)y' + q(x)y = f(x), \qquad (5.2)$$

相应的齐次方程为

$$y'' + p(x)y' + q(x)y = 0. \qquad (5.3)$$

定理 5.1 如果 $y_1 = y_1(x), y_2 = y_2(x)$ 是方程(5.3)的两个解, 则 $y = C_1 y_1(x) + C_2 y_2(x)$ 也是方程(5.3)的解, 其中 C_1, C_2 为任意常数.

定理 5.2 如果 $y_1 = y_1(x), y_2 = y_2(x)$ 是方程(5.3)的两个线性无关的特解, 则 $y = C_1 y_1(x) + C_2 y_2(x)$ 是方程(5.3)的通解, 其中 C_1, C_2 为任意常数.

定理 5.3 如果 $y_1 = y_1(x), y_2 = y_2(x)$ 是方程(5.2)的两个特解, 则 $y = y_1(x) - y_2(x)$ 为方程(5.2)的解.

定理 5.4 如果 y^* 是方程(5.2)的一个特解, $y = C_1 y_1(x) + C_2 y_2(x)$ 是方程(5.3)的通解, 则 $y + y^*$ 为方程(5.2)的一个通解.

注 5.3 由定理 5.4 可知, 只要求出非齐次线性微分方程的一个特解和它所对应的齐次方程的通解, 就能够得到非齐次线性微分方程的通解.

三、可分离变量的微分方程

定义 5.6 形如

$$\frac{\mathrm{d}y}{\mathrm{d}x} = f(x)g(y) \tag{5.4}$$

的方程,称为可分离变量的微分方程.

定理 5.5 对于方程(5.4)分离变量得 $\dfrac{\mathrm{d}y}{g(y)} = f(x)\mathrm{d}x, g(y) \neq 0$,两边积分得

$$\int \frac{\mathrm{d}y}{g(y)} = \int f(x)\mathrm{d}x.$$

设 $G(y), F(x)$ 分别是函数 $\dfrac{1}{g(y)}, f(x)$ 的原函数,则有 $G(y) = F(x) + C$,这就是方程(5.4)的通解.

若存在 y_0,使 $g(y_0) = 0$,直接代入方程(5.4)可知,$y = y_0$ 也是方程(5.4)的解,它可能不包含在通解中.

例 5.5 用分离变量法求 $y' = 2xy$ 的通解和 $y(0) = e$ 的特解.

解 当 $y \neq 0$ 时,分离变量得 $\dfrac{\mathrm{d}y}{y} = 2x\mathrm{d}x$,两端积分得 $\ln|y| = x^2 + C$,从而通解为

$$y = \pm e^{C_1}e^{x^2} = Ce^{x^2}, \quad C = \pm e^{C_1}.$$

当 $y = 0$ 时,$y = 0$ 是原方程的特解,所以原方程的通解为 $y = Ce^{x^2}, C \in \mathbf{R}$.

由 $y(0) = e$,得 $C = e$,故满足条件的特解为 $y = e^{x^2+1}$.

定义 5.7 形如 $\dfrac{\mathrm{d}y}{\mathrm{d}x} = f\left(\dfrac{y}{x}\right)$ 的方程称为一阶齐次方程,其中 $f\left(\dfrac{y}{x}\right)$ 为 $\dfrac{y}{x}$ 的连续函数,例如:$\dfrac{\mathrm{d}y}{\mathrm{d}x} = \dfrac{2x+y}{3y-x}, xy' = x + y$.

例 5.6 求微分方程 $(x^2 + y^2)\mathrm{d}x - xy\mathrm{d}y = 0$ 的通解.

解 原方程恒等变形为

$$\frac{\mathrm{d}y}{\mathrm{d}x} = \frac{x}{y} + \frac{y}{x},$$

令 $\dfrac{y}{x} = u$,则 $y = xu$,由此得 $\dfrac{\mathrm{d}y}{\mathrm{d}x} = u + x\dfrac{\mathrm{d}u}{\mathrm{d}x}$,代入上式,得

$$u + x\frac{\mathrm{d}u}{\mathrm{d}x} = u + \frac{1}{u},$$

整理得

$$x \frac{\mathrm{d}u}{\mathrm{d}x} = \frac{1}{u},$$

这是一个可分离变量的方程,分离变量得 $udu = \frac{\mathrm{d}x}{x}$,两边积分 $\int udu = \int \frac{\mathrm{d}x}{x}$,得

$\ln|x| = \frac{1}{2}u^2 + C$,代回原变量整理得 $y^2 = x^2(C + \ln x^2)$,于是原方程的通解为

$y^2 = x^2(C + \ln x^2)$.

例 5.7 求微分方程 $xy' - y + \frac{y^2}{x} = 0$ 的通解.

解 原方程可变形为 $y' - \frac{y}{x} + \frac{y^2}{x^2} = 0$,令 $u = \frac{y}{x}$,则 $y = ux, y' = u + x\frac{\mathrm{d}u}{\mathrm{d}x}$,上

述方程可化为 $x\frac{\mathrm{d}u}{\mathrm{d}x} + u^2 = 0$,变量分离得 $-\frac{\mathrm{d}u}{u^2} = \frac{\mathrm{d}x}{x}$,两边积分得 $\int -\frac{\mathrm{d}u}{u^2} = \int \frac{\mathrm{d}x}{x}$,

从而 $\frac{1}{u} = \ln x + C$,即 $\frac{x}{y} = \ln x + C$.

四、一阶线性微分方程

定义 5.8 形如

$$\frac{\mathrm{d}y}{\mathrm{d}x} + P(x)y = Q(x)$$

的方程称为一阶线性微分方程,其中 $P(x), Q(x)$ 为已知函数,$Q(x)$ 称为自由项.

当 $Q(x) = 0$ 时,上述方程变为

$$\frac{\mathrm{d}y}{\mathrm{d}x} + P(x)y = 0,$$

称为一阶齐次线性微分方程.

当 $Q(x) \neq 0$ 时,上述方程称为一阶非齐次线性微分方程,$Q(x)$ 称非齐次项.

定理 5.6(一阶线性微分方程的通解) 方程 $\frac{\mathrm{d}y}{\mathrm{d}x} + P(x)y = Q(x)$ 的通解为

$y = \mathrm{e}^{-\int P(x)\mathrm{d}x}\left[\int Q(x)\mathrm{e}^{\int P(x)\mathrm{d}x}\mathrm{d}x + C\right].$

证明 方程 $\frac{\mathrm{d}y}{\mathrm{d}x} + P(x)y = Q(x)$ 所对应的齐次方程为

$$\frac{\mathrm{d}y}{\mathrm{d}x} + P(x)y = 0,$$

该方程是可分离变量的方程,分离变量得 $\frac{\mathrm{d}y}{y} = -P(x)\mathrm{d}x$,两端积分得 $\ln y =$

$$- \int P(x)\,\mathrm{d}x + \ln C.$$

所以齐次方程的通解为

$$y = C\mathrm{e}^{-\int P(x)\,\mathrm{d}x},$$

式中,积分 $\int P(x)\,\mathrm{d}x$ 中不含任意常数.

令 $y = C(x)\mathrm{e}^{-\int P(x)\,\mathrm{d}x}$ 是方程 $\dfrac{\mathrm{d}y}{\mathrm{d}x} + P(x)y = Q(x)$ 的解,其中 $C(x)$ 是一个待定的函数. 又

$$y' = C'(x)\mathrm{e}^{-\int P(x)\,\mathrm{d}x} + C(x)\mathrm{e}^{-\int P(x)\,\mathrm{d}x}\big[-P(x)\big] = C'(x)\mathrm{e}^{-\int P(x)\,\mathrm{d}x} - P(x)y,$$

将 y, y' 代入非齐次线性方程 $\dfrac{\mathrm{d}y}{\mathrm{d}x} + P(x)y = Q(x)$,得 $C'(x)\mathrm{e}^{-\int P(x)\,\mathrm{d}x} = Q(x)$,即

$C'(x) = Q(x)\mathrm{e}^{\int P(x)\,\mathrm{d}x}$,积分后得

$$C(x) = \int Q(x)\mathrm{e}^{\int P(x)\,\mathrm{d}x}\,\mathrm{d}x + C,$$

代入 $y = C(x)\mathrm{e}^{-\int P(x)\,\mathrm{d}x}$ 得一阶非齐次线性微分方程 $\dfrac{\mathrm{d}y}{\mathrm{d}x} + P(x)y = Q(x)$ 的通解为

$$y = \mathrm{e}^{-\int P(x)\,\mathrm{d}x}\Big[\int Q(x)\mathrm{e}^{\int P(x)\,\mathrm{d}x}\,\mathrm{d}x + C\Big],$$

式中,C 为任意常数;积分 $\int Q(x)\mathrm{e}^{\int P(x)\,\mathrm{d}x}\,\mathrm{d}x$ 中不含任何常数.

将对应齐次线性微分方程的通解中的任意常数 C 换为待定函数 $C(x)$,从而求出非齐次线性微分方程的通解的方法称为常数变易法.

定理 5.7(一阶线性微分方程的通解的结构） 一阶非齐次线性微分方程的通解就是它的一个特解与其对应的齐次线性微分方程的通解之和.

例 5.8 求方程 $(y - x\sin x)\,\mathrm{d}x + x\,\mathrm{d}y = 0$ 的通解.

解法一 原方程可变形为 $\dfrac{\mathrm{d}y}{\mathrm{d}x} + \dfrac{1}{x}y = \sin x$,该方程为一阶非齐次线性微分方程,它所对应的齐次方程为

$$\frac{\mathrm{d}y}{\mathrm{d}x} + \frac{1}{x}y = 0,$$

由变量分离法可知齐次方程的通解为 $y = \dfrac{C}{x}$. 令 $y = \dfrac{C(x)}{x}$ 为方程 $\dfrac{\mathrm{d}y}{\mathrm{d}x} + \dfrac{1}{x}y = \sin x$ 的解,则 $\dfrac{C'(x)}{x} = \sin x$,从而 $C(x) = -x\cos x + \sin x + C$,所以原方程的通解为

$$y = \frac{-x\cos x + \sin x + C}{x}.$$

解法二 由于 $P(x) = \frac{1}{x}, Q(x) = \sin x$,因此原方程的通解为

$$y = e^{-\int P(x)dx}\left[\int Q(x)e^{\int P(x)dx}dx + C\right] = e^{-\int \frac{1}{x}dx}\left(\int \sin x e^{\int \frac{1}{x}dx}dx + C\right)$$

$$= \frac{-x\cos x + \sin x + C}{x}.$$

例 5.9 求方程 $\frac{dy}{dx} = \frac{1}{x + y^2}$ 的通解.

解 原方程可变形为

$$\frac{dx}{dy} - x = y^2,$$

这是关于 y 的一阶非齐次线性微分方程,因为 $P(y) = -1, Q(y) = y^2$,所以由定理 5.2 得通解为

$$x = e^{-\int(-1)dy}\left(\int y^2 e^{\int(-1)dy}dy + C\right)$$

$$= e^y\left(\int y^2 e^{-y}dy + C\right)$$

$$= e^y(-y^2 e^{-y} - 2ye^{-y} - 2e^{-y} + C)$$

$$= Ce^y - (y^2 + 2y + 2).$$

例 5.10 设 $f(x)$ 为连续函数,并设 $f(x) = e^{-x} + \int_0^x f(t)dt$,求 $f(x)$.

解 方程两边求导可得 $f'(x) = -e^{-x} + f(x)$,整理为 $f'(x) - f(x) = -e^{-x}$. 这是一个一阶线性非齐次微分方程,由定理 5.2 得通解为

$$f(x) = e^{-\int(-1)dx}\left(\int -e^{-x}e^{\int(-1)dx}dx + C\right)$$

$$= e^x\left(\int -e^{-2x}dx + C\right) = e^x\left(\frac{1}{2}e^{-2x} + C\right).$$

在积分方程中取 $x = 0$,可得 $f(0) = 1$,代入通解可得 $C = \frac{1}{2}$,所以

$$f(x) = \frac{1}{2}(e^{-x} + e^x).$$

有些微分方程虽不是一阶线性微分方程,但通过适当的变量代换后,可以化为一阶线性微分方程.

定义 5.9(伯努利方程) 形如 $\frac{dy}{dx} + P(x)y = Q(x)y^n, n \neq 0, 1$ 的方程称为伯努利方程.

伯努利方程可变形为

$$y^{-n}\frac{\mathrm{d}y}{\mathrm{d}x} + P(x)y^{1-n} = Q(x),$$

从而有

$$\frac{1}{1-n} \cdot \frac{\mathrm{d}y^{1-n}}{\mathrm{d}x} + P(x)y^{1-n} = Q(x), \tag{5.2}$$

令 $z = y^{1-n}$，方程(5.2)可化为一阶线性微分方程

$$\frac{\mathrm{d}z}{\mathrm{d}x} + (1-n)P(x)z = (1-n)Q(x),$$

求出它的通解后，将 $z = y^{1-n}$ 代入，便能得到伯努利方程的通解.

例 5.11 求方程 $\frac{\mathrm{d}y}{\mathrm{d}x} - \frac{4}{x}y = x\sqrt{y}$ 的通解.

解 该方程是伯努利方程，其中 $n = \frac{1}{2}$. 令 $z = y^{1-\frac{1}{2}} = y^{\frac{1}{2}}, y = z^2,$ 则 $\frac{\mathrm{d}y}{\mathrm{d}x} = 2z\frac{\mathrm{d}z}{\mathrm{d}x}$ 代入所给方程得 $\frac{\mathrm{d}z}{\mathrm{d}x} - \frac{2}{x}z = \frac{x}{2}$，这是一阶线性微分方程. 利用定理 5.6 求得其通解为

$$z = \mathrm{e}^{\int \frac{2}{x}\mathrm{d}x}\left(\int \frac{x}{2}\mathrm{e}^{-\int \frac{2}{x}\mathrm{d}x}\mathrm{d}x + C\right) = \mathrm{e}^{2\ln x}\left(\int \frac{x}{2}\mathrm{e}^{-2\ln x}\mathrm{d}x + C\right)$$

$$= x^2\left(\int \frac{x}{2} \cdot \frac{1}{x^2}\mathrm{d}x + C\right) = x^2\left(\frac{1}{2}\ln|x| + C\right).$$

将 $z = y^{\frac{1}{2}}$ 代入上式，则所求方程通解为 $y = x^4\left(\frac{1}{2}\ln|x| + C\right)^2$.

例 5.12 求微分方程 $xy\mathrm{d}y = (2y^2 - x^4)\mathrm{d}x$ 的通解.

解 原方程可变形为 $\frac{\mathrm{d}y}{\mathrm{d}x} - \frac{2}{x}y = -x^3y^{-1}$，这是 $n = -1$ 的伯努利方程. 令 $z = y^{1-(-1)} = y^2$ 变形为 $\frac{\mathrm{d}z}{\mathrm{d}x} - \frac{4}{x}z = -2x^3$. 利用定理 5.6 求得其通解为 $z = x^4(-2\ln|x| + C)$，将 $z = y^2$ 代入得原方程的通解为 $y^2 = x^4(-2\ln|x| + C)$.

定义 5.10（全微分方程） 设 $P(x,y),Q(x,y)$ 均具有一阶连续偏导数，且 $\frac{\partial P}{\partial y} = \frac{\partial Q}{\partial x}$，则微分方程 $P(x,y)\mathrm{d}x + Q(x,y)\mathrm{d}y = 0$ 称为全微分方程.

注 5.4 对于全微分方程，一定存在原函数 $U(x,y)$，使得 $\mathrm{d}u = P(x,y)\mathrm{d}x + Q(x,y)\mathrm{d}y$，从而求得方程的通解为 $U(x,y) = C$.

定理 5.8（全微分方程的不定积分解法） 因为 $\frac{\partial U}{\partial x} = P(x,y)$，所以积分可得 $U(x,y) = \int P(x,y)\mathrm{d}x + \varphi(y)$. 又因为 $\frac{\partial U}{\partial y} = Q(x,y)$，所以 $Q(x,y) = $

$\dfrac{\partial}{\partial y}\left[\int P(x,y)\mathrm{d}x\right]+\varphi'(y)$，解出 $\varphi'(y)$，然后积分可得 $\varphi(y)$，进而得到 $U(x,y)$ 的表达式.

定理 5.9(全微分方程的积分路径解法) 若选择积分路径 $(x_0,y_0)\rightarrow(x,y_0)\rightarrow(x,y)$ 的折线段，则 $U(x,y)=\displaystyle\int_{x_0}^{x}P(x,y_0)\mathrm{d}x+\int_{y_0}^{y}Q(x,y)\mathrm{d}y$.

若选择积分路径 $(x_0,y_0)\rightarrow(x_0,y)\rightarrow(x,y)$ 的折线段，则 $U(x,y)=\displaystyle\int_{x_0}^{x}P(x,y)\mathrm{d}x+\int_{y_0}^{y}Q(x_0,y)\mathrm{d}y$.

例 5.13 求全微分方程 $(3x^2+6xy^2)\mathrm{d}x+(6x^2y+4y^2)\mathrm{d}y=0$ 的通解.

解 因为 $\dfrac{\partial P}{\partial y}=(3x^2+6xy^2)'_y=12xy$，$\dfrac{\partial Q}{\partial x}=(6x^2y+4y^2)'_x=12xy$，所以由定理 5.9 得

$$U(x,y)=\int_0^x 3x^2\mathrm{d}x+\int_0^y(6x^2y+4y^2)\mathrm{d}y=x^3+3x^2y^2+\frac{4}{3}y^3,$$

所以通解为 $x^3+3x^2y^2+\dfrac{4}{3}y^3=C$.

例 5.14 求全微分方程 $(x\cos y+\cos x)y'-y\sin x+\sin y=0$ 的通解.

解 原方程可变形为 $(\sin y-y\sin x)\mathrm{d}x+(x\cos y+\cos x)\mathrm{d}y=0$，从而

$$P(x,y)=\sin y-y\sin x,Q(x,y)=x\cos y+\cos x,$$

且 $\dfrac{\partial P}{\partial y}=\cos y-\sin x$，$\dfrac{\partial Q}{\partial x}=\cos y-\sin x$，由定理 5.9 得 $U(x,y)=\displaystyle\int_0^x 0\mathrm{d}x+$

$\displaystyle\int_0^y(x\cos y+\cos x)\mathrm{d}y=(x\sin y+y\cos x)\big|_0^y=x\sin y+y\cos x$.

所以通解为 $x\sin y+y\cos x=C$.

第二节 高阶微分方程

一、可降阶的高阶微分方程

1. $y^{(n)}=f(x)$ 型

这类方程的特点是左端是未知函数的 n 阶导数，右端仅是自变量 x 的函数. 求这类方程的通解只需要对方程两边分别依次进行 n 次积分即可.

例 5.15 求方程 $y'''=\cos x+\mathrm{e}^{\frac{x}{2}}$ 的通解.

解 在方程两边依次积分 3 次，得

$$y'' = \int \left(\cos x + e^{\frac{x}{2}} \right) dx = \sin x + 2e^{\frac{x}{2}} + C_1,$$

$$y' = \int \left(\sin x + 2e^{\frac{x}{2}} + C_1 \right) dx = -\cos x + 4e^{\frac{x}{2}} + C_1 x + C_2,$$

$$y = \int \left(-\cos x + 4e^{\frac{x}{2}} + C_1 x + C_2 \right) dx = -\sin x + 8e^{\frac{x}{2}} + \frac{1}{2} C_1 x^2 + C_2 x + C_3,$$

则 $y = -\sin x + 8e^{\frac{x}{2}} + \frac{1}{2} C_1 x^2 + C_2 x + C_3$ 为所求的通解.

2. $y'' = f(x, y')$ 型

这类方程的特点是方程中不显含未知函数 y. 为降低其阶数,设 $y' = p(x)$,则 $y'' = p'$,代入方程 $y'' = f(x, y')$ 中可得 $p' = f(x, p)$,这是关于未知函数 $p(x)$ 的一阶微分方程. 若求得其通解为 $p = \varphi(x, C_1)$,代入 $p = y'$ 得到一阶微分方程 $y' = \varphi(x, C_1)$,两边积分得原方程的通解为

$$y = \int \varphi(x, C_1) dx + C_2.$$

注 5.5 对于微分方程 $y'' = f(x, y')$,是通过降阶后先后化为两个一阶微分方程来求通解的.

例 5.16 求方程 $y'' = y' + x$ 的通解.

解 方程不显含 y,设 $y' = p$,则 $y'' = p'$,于是原方程化为

$$p' = p + x,$$

即 $p' - p = x$. 这是一阶非齐次线性微分方程,由求解公式得

$$p = e^{\int dx} \left(\int x e^{-\int dx} dx + C_1 \right) = e^x \left(\int x e^{-x} dx + C_1 \right)$$

$$= C_1 e^x - e^x (x e^{-x} + e^{-x}) = C_1 e^x - x - 1,$$

回代 y',得

$$y' = C_1 e^x - x - 1,$$

于是得原方程的通解为

$$y = \int (C_1 e^x - x - 1) dx = C_1 e^x - \frac{x^2}{2} - x + C_2.$$

例 5.17 求微分方程 $(1 + x^2) y'' = 2xy'$ 关于 $y|_{x=0} = 1, y'|_{x=0} = 3$ 的特解.

解 令 $y' = p(x)$,并对其求导得 $y'' = \dfrac{dp}{dx}$,代入所求方程得 $(1 + x^2) \dfrac{dp}{dx} = 2xp$,分离变量得 $\dfrac{dp}{p} = \dfrac{2x}{1 + x^2} dx$,两边积分得 $\displaystyle\int \dfrac{dp}{p} = \int \dfrac{2x}{1 + x^2} dx$,即 $\ln p = \ln(1 + x^2) + \ln C_1$,整理得 $y' = C_1 (1 + x^2)$.

由初始条件 $y'|_{x=0} = 3$ 得 $C_1 = 3$,代入 $y' = C_1 (1 + x^2)$ 得 $y' = 3(1 + x^2)$. 对

该式再积分得 $y = \int (3 + 3x^2) \, \mathrm{d}x = x^3 + 3x + C_2$,再由初始条件 $y\big|_{x=0} = 1$ 得 $C_2 = 1$,所以所求特解为 $y = x^3 + 3x + 1$.

3. $y'' = f(y, y')$ 型

这类方程的特点是方程中不含自变量 x. 为了降阶,可作变换 $\dfrac{\mathrm{d}y}{\mathrm{d}x} = p(x)$,于是

$$y'' = \frac{\mathrm{d}^2 y}{\mathrm{d}x^2} = \frac{\mathrm{d}p}{\mathrm{d}x} = \frac{\mathrm{d}p}{\mathrm{d}y} \cdot \frac{\mathrm{d}y}{\mathrm{d}x} = p \frac{\mathrm{d}p}{\mathrm{d}y},$$

代入方程得

$$p \frac{\mathrm{d}p}{\mathrm{d}y} = f(y, p).$$

这是关于 y 与 p 的一阶微分方程,若求得其通解为 $p = f(y, C)$,即 $\dfrac{\mathrm{d}y}{\mathrm{d}x} = f(y, C)$,由分离变量法 $\int \dfrac{\mathrm{d}y}{f(y, C)} = x + C_1$ 可得原方程的通解.

注 5.6 对于微分方程 $y'' = f(y, y')$,采取降阶法先后得到两个一阶微分方程,进而求出其通解.

例 5.18 求微分方程 $y^3 y'' - 1 = 0$ 的通解.

解 设 $y' = p(y)$,则 $y'' = p \dfrac{\mathrm{d}p}{\mathrm{d}y}$,原方程化为 $y^3 p \dfrac{\mathrm{d}p}{\mathrm{d}y} - 1 = 0$,即 $p \mathrm{d}p = y^{-3} \mathrm{d}y$,

两边积分得 $\dfrac{p^2}{2} = -\dfrac{1}{2} y^{-2} + \dfrac{c_1}{2}$,即 $p^2 = -y^{-2} + C_1$,从而 $\dfrac{\mathrm{d}y}{\pm \sqrt{C_1 - y^{-2}}} = \mathrm{d}x$,积分

得 $\pm \int \dfrac{y \mathrm{d}y}{\sqrt{C_1 y^2 - 1}} = \int \mathrm{d}x \pm \dfrac{1}{2 C_1} \int \dfrac{\mathrm{d}(C_1 y^2 - 1)}{(C_1 y^2 - 1)^{\frac{1}{2}}} = \int \mathrm{d}x \pm 2 \sqrt{C_1 y^2 - 1} = 2 C_1 x + 2 C_2 \pm \sqrt{C_1 y^2 - 1} = C_1 x + C_2$.

所以通解为 $C_1 y^2 - 1 = (C_1 x + C_2)^2$.

例 5.19 求解微分方程 $y'' = y'^2 + 1$.

解 令 $y' = p(x)$,则 $y'' = \dfrac{\mathrm{d}p}{\mathrm{d}x}$ 代入原方程 $\dfrac{\mathrm{d}p}{\mathrm{d}x} = p^2 + 1$ 分离变量得 $\dfrac{\mathrm{d}p}{p^2 + 1} = \mathrm{d}x$,

两边积分得 $p = \tan(x + C_1)$,由 $y' = p(x)$ 得 $y' = \tan(x + C_1)$,再次积分得通解为

$$y = \int \tan(x + C_1) \mathrm{d}x = -\ln|\cos(x + C_1)| + C_2.$$

二、二阶常系数线性微分方程

1. 二阶常系数齐次线性微分方程

定义 5.11 对于二阶线性微分方程 $y'' + p(x)y' + q(x)y = f(x)$,如果系数 $p(x),q(x)$ 均为常数,记为 $p(x) = p,q(x) = q$,则方程

$$y'' + py' + qy = f(x) \tag{5.3}$$

称为二阶常系数线性微分方程.

若 $f(x) = 0$,则方程

$$y'' + py' + qy = 0 \tag{5.4}$$

称为二阶常系数齐次线性微分方程;相应地,若 $f(x) \neq 0$,则方程(5.3)称为二阶常系数非齐次线性微分方程.

观察方程(5.4)知未知函数 y 及其导函数 y' 和 y'' 各乘常数后相加等于零,即 y,y' 和 y'' 之间只相差一个常数因子,可设想有形如指数函数 $y = e^{rx}$ 的解.

设 $y = e^{rx}$(r 为待定常数)为方程(5.4)的特解,则

$$(e^{rx})'' + p(e^{rx})' + qe^{rx} = 0,$$
$$(r^2 + pr + q)e^{rx} = 0.$$

又 $y = e^{rx} \neq 0$,从而

$$r^2 + pr + q = 0. \tag{5.5}$$

易证当且仅当 r 为方程(5.5)的一个根时,$y = e^{rx}$ 为方程(5.4)的解,因此可以把微分方程(5.4)的求解转化为代数方程(5.5). 称方程(5.5)为方程(5.4)的特征方程,其根称为特征根.

下面根据特征方程(5.5)的根的三种不同情况,分别给出齐次线性方程(5.4)的通解形式.

(1)若 $p^2 - 4q > 0$,则特征方程(5.5)有两个不相等的实根 r_1,r_2;而 $y_1 = e^{r_1x},y_2 = e^{r_2x}$ 都是齐次方程(5.4)的特解且线性无关,则 $y = C_1e^{r_1x} + C_2e^{r_2x}$ 为齐次方程(5.4)的通解;

(2)若 $p^2 - 4q = 0$,则特征方程(5.5)有两个相等的实根 $r_1 = r_2 = -\dfrac{p}{2}$;而 $y_1 = e^{r_1x}$ 是齐次方程(5.4)的一个特解;为了得到通解,还需求一个与 y_1 线性无关的特解 y_2,使得 $y_2 = u(x)e^{r_1x}$($u(x)$ 非常数的待定系数)且 $y_2'' + py_2' + qy_2 = 0$;易证 $u(x) = x$ 就是满足此要求的一个函数;因此,$y_2 = xe^{r_1x}$ 是方程(5.4)的一个特解,且与 $y_1 = e^{r_1x}$ 线性无关,所以 $y = (C_1 + C_2x)e^{r_1x}$ 为齐次方程(5.4)的通解;

(3)若 $p^2 - 4q < 0$,则特征方程(5.5)有一对共轭复根 $r_1 = \alpha + \beta i,r_2 = \alpha - $

$\beta i, \alpha, \beta$ 均为实数,且 $\beta \neq 0$;这时 $y_1^* = \mathrm{e}^{(\alpha+\beta i)x}$ 和 $y_2^* = \mathrm{e}^{(\alpha-\beta i)x}$ 是齐次方程(5.4)的两个特解,由欧拉公式得 $y_1 = \mathrm{e}^{\alpha x} \cos \beta x, y_2 = \mathrm{e}^{\alpha x} \sin \beta x$;易证 $y_1 = \mathrm{e}^{\alpha x} \cos \beta x$, $y_2 = \mathrm{e}^{\alpha x} \sin \beta x$ 线性无关且为齐次方程(5.4)的两个解,因此 $y = \mathrm{e}^{\alpha x}(C_1 \cos \beta x + C_2 \sin \beta x)$ 为齐次方程(5.4)的通解.

由以上讨论可知求二阶常系数齐次线性微分方程(5.4)的通解的步骤:

(1)写出特征方程 $r^2 + pr + q = 0$;

(2)求出特征根 r_1, r_2;

(3)根据 r_1, r_2 的三种不同情况,写出齐次方程的通解.

当 r_1, r_2 为两个不相等的实根时,齐次方程(5.4)的通解为

$$y = C_1 \mathrm{e}^{r_1 x} + C_2 \mathrm{e}^{r_2 x}.$$

当 r_1, r_2 为两个相等的实根时,齐次方程(5.4)的通解为

$$y = (C_1 + C_2 x) \mathrm{e}^{r_1 x}.$$

当 r_1, r_2 为一对共轭复根时,齐次方程(5.4)的通解为

$$y = \mathrm{e}^{\alpha x}(C_1 \cos \beta x + C_2 \sin \beta x).$$

例 5.20 求微分方程 $y'' - 3y' + 2y = 0$ 的通解.

解 特征方程为 $r^2 - 3r + 2 = 0$,得 $r_1 = 1, r_2 = 2$. 故所求的通解为

$$y = C_1 \mathrm{e}^x + C_2 \mathrm{e}^{2x}.$$

例 5.21 求方程 $4 \dfrac{\mathrm{d}^2 x}{\mathrm{d}t^2} - 20 \dfrac{\mathrm{d}x}{\mathrm{d}t} + 25x = 0$ 的通解.

解 特征方程为 $4r^2 - 20r + 25 = 0$,得 $r_1 = r_2 = \dfrac{5}{2}$. 故所求的通解为

$$x = (C_1 + C_2 t) \mathrm{e}^{\frac{5}{2}t}.$$

例 5.22 求微分方程 $y'' + 4y' + 5y = 0$ 的通解.

解 特征方程为 $r^2 + 4r + 5 = 0$,得

$$r_1 = -2 - i, \quad r_2 = -2 + i.$$

故所求通解为

$$y = (C_1 \cos x + C_2 \sin x) \mathrm{e}^{-2x}.$$

例 5.23 求微分方程 $y'' + 4y' + 29y = 0$ 满足初始条件 $y|_{x=0} = 0, y'|_{x=0} = 15$ 的特解.

解 特征方程为 $r^2 + 4r + 29 = 0$,解得 $r_{1,2} = -2 \pm 5i$,所以通解为 $y = \mathrm{e}^{-2x}(C_1 \cos 5x + C_2 \sin 5x)$, $y' = \mathrm{e}^{-2x}[(5C_2 - 2C_1) \cos 5x + (-5C_1 - 2C_2) \sin 5x]$,代入初始条件得 $C_1 = 0; 5C_2 - 2C_1 = 15, C_2 = 3$.

所以特解为 $y = \mathrm{e}^{-2x}(0 \cdot \cos 5x + 3 \sin 5x) = 3\mathrm{e}^{-2x} \sin 5x$.

2. 二阶常系数非齐次线性微分方程

对于二阶常系数非齐次微分方程 $y'' + py' + qy = f(x)$，由定理 5.4 可知，其通解等于对应的齐次方程的通解 y 与非齐次方程的一个特解 y^* 之和. 因此求非齐次方程通解的关键在于求其特解 y^*. 下面介绍当非齐次方程自由项为 $f(x) = e^{\alpha x}P_n(x)$ 形式时求其通解的方法，这种方法通常称为待定系数法.

此时方程为

$$y'' + py' + qy = e^{\alpha x}P_n(x), \qquad (5.6)$$

式中，α 为常数；$p_n(x)$ 为 n 次多项式.

通过观察方程 (5.6) 发现，方程的右端是指数函数与多项式的乘积，而指数函数与多项式的乘积的导数仍是指数函数与多项式的乘积，因此不妨设方程 (5.6) 的特解为 $y^* = e^{\alpha x}Q(x)$，其中 $Q(x)$ 为待定多项式. 将 y^* 代入方程 (5.6) 中得

$$Q''(x) + (2\alpha + p)Q'(x) + (\alpha^2 + p\alpha + q)Q = P_n(x). \qquad (5.7)$$

下面分三种情况讨论 $Q(x)$ 的具体形式.

(1) 当 α 不是特征根时，$\alpha^2 + p\alpha + q \neq 0$，由式 (5.7) 知 $Q(x)$ 为 n 次多项式，不妨设为 $Q_n(x) = a_0x^n + a_1x^{n-1} + \cdots + a_{n-1}x + a_n$，因此方程 (5.6) 的特解为 $y^* = e^{\alpha x}Q_n(x)$，其中多项式 $Q_n(x)$ 的 $n+1$ 个系数 $a_0, a_1, \cdots, a_n$ 待定.

(2) 当 α 是单特征根时，$\alpha^2 + p\alpha + q = 0, 2\alpha + p \neq 0$，由式 (5.7) 知 $Q'(x)$ 为 n 次多项式，而 $Q(x)$ 为 $n+1$ 次多项式，不妨设为 $Q(x) = xQ_n(x)$，因此方程 (5.6) 的特解为 $y^* = xe^{\alpha x}Q_n(x)$，其中多项式 $Q_n(x)$ 的 $n+1$ 个系数 $a_0, a_1, \cdots, a_n$ 待定.

(3) 当 α 是重特征根时，$\alpha^2 + p\alpha + q = 0, 2\alpha + p = 0$，由式 (5.7) 知 $Q''(x)$ 为 n 次多项式，而 $Q(x)$ 为 $n+2$ 次多项式，不妨设为 $Q(x) = x^2Q_n(x)$，因此方程 (5.6) 的特解为 $y^* = x^2e^{\alpha x}Q_n(x)$，其中多项式 $Q_n(x)$ 的 $n+1$ 个系数 $a_0, a_1, \cdots, a_n$ 待定.

由以上分析可知二阶常系数非齐次线性微分方程 $y'' + py' + qy = f(x)$ 具有形如 $y^* = x^k e^{\alpha x}Q_n(x)$ 的特解，其中 $e^{\alpha x}$ 与方程 (5.6) 右端的指数函数完全相同；$Q_n(x)$ 的次数与方程 (5.6) 中 $P_n(x)$ 的次数相同；k 根据 α 不是方程 (5.7) 的特征根、是单特征根、是重特征根依次取 0, 1, 2.

例 5.24 求微分方程 $y'' - 2y' - 3y = 3x + 1$ 的通解.

解 方程的右端为 $f(x) = e^{\alpha x}P_n(x)$ 的形式，其中 $\alpha = 0, P_n(x) = 3x + 1$，$n = 1$. 其特征方程为 $r^2 - 2r - 3 = 0$，得特征根为 $r_1 = 3, r_2 = -1$. 由于 $\alpha = 0$ 不是特征根，可设 $y^* = ax + b$，代入方程中得 $-3ax - 2a - 3b = 3x + 1$，比较系数得

$a = -1, b = \dfrac{1}{3}$,因此所求特解为 $y^* = -x + \dfrac{1}{3}$.

例 5.25 求微分方程 $y'' - 2y' + y = (x + 2)e^x$ 的通解.

解 此方程为二阶常系数非齐次线性方程,它所对应的齐次方程为 $y'' - 2y' + y = 0$,它的特征方程为 $r^2 - 2r + 1 = 0$,有两个重根 $r = 1$. 从而齐次方程的通解为 $\bar{y} = (C_1 + C_2 x)e^x$.

由 $f(x) = (x + 2)e^x$ 知非齐次方程的特解形式为 $y^* = x^2 e^x(ax + b)$,代入非齐次方程得

$$[x^2 e^x(ax + b)]'' - 2[x^2 e^x(ax + b)]' + x^2 e^x(ax + b) = (x + 2)e^x,$$

整理得 $6ax + 2b = x + 2$,从而 $a = \dfrac{1}{6}, b = 1$,所以非齐次方程的特解为 $y^* = x^2 \left(\dfrac{1}{6}x + 1 \right)e^x$.

综上,该非齐次线性方程的通解为 $y = (C_1 + C_2 x)e^x + x^2 \left(\dfrac{1}{6}x + 1 \right)e^x$.

例 5.26 求方程 $y'' - 5y' + 6y = xe^{2x}$ 的通解.

解 此方程对应的齐次方程为 $y'' - 5y' + 6y = 0$,其特征方程为 $r^2 - 5r + 6 = 0$,得特征根为 $r_1 = 2, r_2 = 3$,齐次方程的通解为 $\bar{y} = C_1 e^{2x} + C_2 e^{3x}$. 又 $f(x) = xe^{2x}$,其中 $\alpha = 2$ 为单特征根,并且 $n = 1$,从而非齐次方程的特解为 $y^* = x(ax + b)e^{2x}$,代入非齐次方程得 $-2ax + 2a - b = x$,比较系数得 $a = -\dfrac{1}{2}, b = -1$,所以特解为 $y^* = x\left(-\dfrac{1}{2}x - 1 \right)e^{2x}$.

因此通解为 $y = C_1 e^{2x} + C_2 e^{3x} - \left(\dfrac{x^2}{2} + x \right)e^{2x}$.

例 5.27 解微分方程 $y'' - a^2 y = x + 1$.

解 原方程的特征方程为 $r^2 - a^2 = 0$,得 $r_1 = a, r_2 = -a$. 当 $a \neq 0$ 时,原方程所对应的齐次方程的通解为 $Y = C_1 e^{ax} + C_2 e^{-ax}$. 设原方程的特解为 $y^* = cx + d$,其中 c, d 为待定系数,代入原方程得 $c = d = -\dfrac{1}{a^2}$. 所以原方程的通解为 $y = C_1 e^{ax} + C_2 e^{-ax} - \dfrac{1}{a^2}(x + 1)$.

当 $a = 0$ 时,设原方程的特解为 $y^* = x^2(cx + d)$,代入原方程得 $c = \dfrac{1}{6}, d = \dfrac{1}{2}$,所以原方程的通解为 $y = C_1 + C_2 x + \dfrac{1}{6}x^2(x + 3)$.

第三节　微分方程的应用

微分方程的应用十分广泛,本节以举例的形式简要给出微分方程的几种应用.

例 5.28　一质量为 m 的潜水艇在下降时所受的阻力与下降的速度成正比. 若潜水艇由静止状态开始下降,求它下降的速度 v 与时间 t 的函数关系.

解　潜水艇主要依靠它受到的重力 mg 克服阻力而下降. 设它在时刻 t 下降的速度为 $v(t)$,则阻力为 kv(k 为比例系数),下降过程中的加速度为 $\dfrac{\mathrm{d}v}{\mathrm{d}t}$. 因此由牛顿第二定律,其运动方程满足 $m\dfrac{\mathrm{d}v}{\mathrm{d}t} = mg - kv$. 这是一个可分离变量的微分方程,分离变量得 $m\dfrac{\mathrm{d}v}{mg - kv} = \mathrm{d}t$,两边积分得 $-\dfrac{m}{k}\ln(mg - kv) = t + C$.

由 $t = 0$ 时 $v = 0$ 得 $C = -\dfrac{m}{k}\ln mg$. 将它代入 $-\dfrac{m}{k}\ln(mg - kv) = t + C$ 中得

$$-\frac{m}{k}\ln\frac{mg - kv}{mg} = t,$$

即 $mg - kv = mge^{-\frac{kt}{m}}$.

所以 $v = \dfrac{mg}{k}\left(1 - e^{-\frac{kt}{m}}\right)$.

例 5.29　大炮以仰角 α,初速度 v_0 发射炮弹,若不计空气阻力,求弹道曲线.

解　取炮口为原点,炮弹前进的水平方向为 x 轴,铅直向上为 y 轴,弹道运动的微分方程为

$$\begin{cases} \dfrac{\mathrm{d}^2 y}{\mathrm{d}t^2} = -g, \\[2mm] \dfrac{\mathrm{d}x}{\mathrm{d}t} = 0, \end{cases} \tag{5.11}$$

且满足初始条件

$$\begin{cases} y\big|_{t=0} = 0, & y'\big|_{t=0} = v_0\sin\alpha, \\ x\big|_{t=0} = 0, & x'\big|_{t=0} = v_0\cos\alpha, \end{cases} \tag{5.12}$$

所以弹道曲线为 $\begin{cases} x = v_0\cos\alpha \cdot t, \\[1mm] y = v_0\sin\alpha \cdot t - \dfrac{1}{2}gt^2. \end{cases}$

例5.30 放射性元素镭由于不断衰变而减少. 由原子物理学知, 镭的衰变速度与当时未衰变的原子量含量成正比, 预计 1 600 年之后只剩原始量的一半. 求衰变过程中镭原子含量的变化规律.

解 设时间 t 以年为单位, 由题意知, 镭元素的衰变规律为 $\dfrac{dR}{dt} = -kR$, 且 $R\big|_{t=0} = R_0$, $R\big|_{t=1\,600} = \dfrac{1}{2}R_0$, 其中 $k > 0$ 为衰变系数. 求解该问题得 $R = Ce^{-kt}$.

代入初始条件得 $C = R_0$, $k = \dfrac{\ln 2}{1\,600}$. 最后得镭的衰变规律为 $R = R_0 e^{-\frac{\ln 2}{1\,600}t}$.

习　题

1. 试说出下列各微分方程的阶数.

(1) $x^2 y'' + xy' + y = 0$;

(2) $y''' + 2y'' + x^2 y = 0$;

(3) $y^{(4)} + xy = 0$;

(4) $x^2 dx - (2x + y) dy = 0$;

(5) $\dfrac{d^2 y}{dx^2} - 2x \dfrac{dy}{dx} = x$;

(6) $xy'^2 - 2yy' + x = 0$.

2. 验证下列各函数是否为所给微分方程的解.

(1) 函数 $y = 2\sqrt{x}$, 微分方程 $2yy' = 1$;

(2) 函数 $y = 5x^2$, 微分方程 $xy' = 2y$;

(3) 函数 $y = e^{\lambda x}$ (其中 λ 是给定的实数), 微分方程 $y''' + y = 0$;

(4) 函数 $y = 3\sin x - 4\cos x$, 微分方程 $y'' + y = 0$.

3. 写出由下列条件确定的曲线所满足的微分方程.

(1) 曲线在点 (x, y) 处的切线斜率等于该点横坐标的立方;

(2) 曲线上的点 $P(x, y)$ 处的法线与 x 轴的交点为 Q, 且线段 PQ 被 y 轴平分.

4. 求下列可分离变量微分方程的通解.

(1) $xy' - y\ln y = 0$;

(2) $\dfrac{dy}{dx} = 10^{x+y}$;

(3) $\cos x \sin y dx + \sin x \cos x dy = 0$;

(4) $y dx + (x^2 - 4x) dy = 0$;

(5) $y' = \dfrac{xy}{1 + x^2}$;

(6) $x(1 + 2y^2) \dfrac{dy}{dx} - y = 0$.

5. 求下列齐次微分方程的通解.

(1) $x \dfrac{dy}{dx} = y\ln \dfrac{y}{x}$;

(2) $(x^2 + y^2) dx - xy dy = 0$;

(3) $\left(1 + 2e^{\frac{x}{y}}\right)dx + 2e^{\frac{x}{y}}\left(1 - \frac{x}{y}\right)dy = 0$;　(4) $x\left(1 + \ln\frac{x}{y}\right)dy - ydx = 0$;

(5) $xy' = y + x\cos^2\frac{y}{x}$;　(6) $(2x - y^2)y' = 2y$.

6. 求下列一阶线性微分方程的通解.

(1) $y'\cos x + y\sin x = 1$;　(2) $y' - y = 2xe^{2x}$;

(3) $xy' + y = x^2 + 3x + 2$;　(4) $(x^2 - 1)y' + 2xy - \cos x = 0$;

(5) $y' - \frac{2}{x}y = x^2\cos x$;　(6) $xy - y = x\tan\frac{y}{x}$.

7. 求伯努利微分方程的通解.

(1) $y' - y = xy^2$;　(2) $y' - xy = \frac{x}{y}$.

8. 求全微分方程的通解.

(1) $e^y dx + (xe^y - 2y)dy = 0$;　(2) $(x^2 + y^2)dx + xydy = 0$.

9. 求下列各微分方程的通解.

(1) $y''' = xe^x$;　(2) $y'' = \frac{1}{1 + x^2}$;

(3) $y'' = 1 + y'^2$;　(4) $y'' = y' + x$;

(5) $y'' = \frac{1}{\sqrt{y}}$;　(6) $y'' = y'^3 + y'$.

10. 求出下列二阶常系数线性齐次微分方程的通解.

(1) $y'' - 6y' + 9y = 0$;　(2) $y'' - 4y' + 13y = 0$;

(3) $y'' + 2y' - 3y = 0$;　(4) $y'' - 3y' - 10y = 0$;

(5) $2\frac{d^2y}{dx^2} + \frac{dy}{dx} = 0$;　(6) $\frac{d^2x}{dt^2} - 2x = 0$.

11. 求出下列二阶常系数线性非齐次微分方程的通解.

(1) $y'' - 8y' + 12y = x$;　(2) $2y'' + 5y' = 5x^2 - 2x - 1$;

(3) $y'' + 2y' - 3y = e^{-3x}$;　(4) $y'' - 2y' + 5y = e^x\sin 2x$;

(5) $y'' - 6y' + 9y = e^{2x}(x + 1)$;　(6) $y'' + 5y' + 4y = 3 - 2x$.

第六章 多元函数的微积分学

在本章主要研究多元函数的微积分学的基础知识. 虽然多元函数是一元函数的推广,两者在研究方法上存在许多相似之处,但是也有不同. 本章以二元函数为例,重点研究它的极限、连续、偏导函数、全微分及积分等相关概念与知识,并通过例题加强知识的应用. 二元函数的相关概念可以直接推广到三元以上的函数.

第一节 多元函数的微分

一、多元函数的极限与连续

1. 平面点集

定义 6.1 坐标平面上满足某种条件 P 的点的集合,称为平面点集,记作 $E = \{(x,y) \mid (x,y)$ 满足条件 $P\}$.

例 6.1 平面上以原点为中心,r 为半径的圆内所有点的集合是 $E = \{(x,y) \mid x^2 + y^2 < r^2\}$.

例 6.2 整个平面 $R^2 = \{x \mid -\infty < x < +\infty\}$.

定义 6.2 设 $P_0(x_0, y_0)$ 是平面上一点,δ 是一正数. 到点 P_0 的距离小于 δ 的点 $P(x,y)$ 的全体,称为以点 P_0 为中心,δ 为半径的邻域,简称 P_0 的 δ 邻域,记为 $U(P_0, \delta)$ 或 $U(P_0)$,即

$$U(P_0, \delta) = \{P \mid |P_0P| < \delta\} = \{(x,y) \mid \sqrt{(x-x_0)^2 + (y-y_0)^2} < \delta\}.$$

式中,P_0 为邻域 $U(P_0, \delta)$ 的中心;δ 为邻域半径.

不包含邻域中心点 P_0 的邻域称为点 P_0 的去心 δ 邻域,记为 $\mathring{U}(P_0, \delta)$ 或 $\mathring{U}(P_0)$,即

$$\mathring{U}(P_0, \delta) = \{P \mid 0 < |P_0P| < \delta\}$$
$$= \{(x,y) \mid 0 < \sqrt{(x-x_0)^2 + (y-y_0)^2} < \delta\}.$$

定义 6.3 设 P 是 R^2 中的一点,E 为 R^2 中的任意一个平面点集.

若存在 P 的某邻域 $U(P)$,使得 $U(P) \subset E$,则称 P 是 E 的内点.

若存在 P 的某邻域 $U(P)$,使得 $U(P) \cap E = \varnothing$,则称 P 是 E 的外点.

若在 P 的任何一个邻域中都既含有 E 中的点,又含有不属于 E 中的点,则称 P 为 E 的边界点,E 的边界点的全体组成 E 的边界,记为 ∂E.

若对 P 的任何一个去心邻域内都含有 E 中的点,则称点 P 为 E 的聚点.

若存在 P 的一个邻域 $U(P)$,使得 $U(P) \cap E = \{P\}$,则称点 P 为 E 的孤立点.

注 6.1　(1)内点一定属于集合 E,外点一定不属于集合 E;

(2)边界点和聚点可能属于集合 E,也可能不属于集合 E;孤立点一定属于集合 E.

定义 6.4　如果集合 E 中的点都是内点,则称 E 为开集;如果 E 的边界 $\partial E \subset E$,则称 E 为闭集.

定义 6.5　若 E 中的任意两点都能用位于 E 中的折线来连接,则称 E 为连通集.

定义 6.6　既是开集又是连通集的平面点集称为区域.若区域是开集,则称该区域为开区域.区域连同它的边界一起组成的平面点集称为闭区域.

定义 6.7　设 E 是一平面点集,如果存在实数 $r > 0$,使得 $E \subset U(O,r)$,其中 O 为坐标原点,则称 E 为有界集;否则称 E 为无界集.

2. 二元函数的概念

定义 6.8　设 $D \subset R^2$ 是平面上的一个非空点集,如果对于 D 内任意一点 $P(x,y)$,按照某种对应法则 f 总存在唯一确定的值与之对应,则称 f 是定义在 D 上的二元函数,记作

$$z = f(x,y), \quad (x,y) \in D$$

式中,点集 D 为函数 f 的定义域;x,y 为自变量;z 为因变量;全体函数值的集合 $f(D) = \{z \mid z = f(x,y), (x,y) \in D\}$ 称为该函数 f 的值域.有时二元函数也可记为 $z = z(x,y)$ 或 $z = f(P)$.

类似地,可以给出三元函数 $u = f(x,y,z)$ 及三元以上函数的定义.二元及二元以上的函数统称为多元函数.

注 6.2　二元函数 $z = f(x,y)$ 的定义域是指使解析表达式有意义的自变量的全体,在几何上表示一个平面区域.

定义 6.9(二元函数的图形)　设二元函数 $z = f(x,y), (x,y) \in D$,对于定义域 D 中每一点 $P(x,y)$,必有唯一的实数 z 与之对应,因此三元有序数组 $(x, y, f(x,y))$ 就确定了空间的一点 $M(x,y,f(x,y))$,所有这些点的集合 $\{(x,y,z) \mid z = f(x,y), (x,y) \in D\}$ 称为二元函数 $z = f(x,y)$ 的图形.一般地,二元函数

$z = f(x, y)$ 的图形是三维空间中的一个曲面.

定义 6.10(二元函数的复合函数) 设函数 $z = f(u, v)$ 是变量 u, v 的函数,而 $u = u(x, y), v = v(x, y)$ 又是 x, y 的函数,称 $z = f(u(x, y), v(x, y))$ 是二元复合函数.

例 6.3 求函数 $z = \sqrt{4 - x^2 - y^2} \ln(x^2 + y^2 - 1)$ 的定义域.

解 由 $\begin{cases} 4 - x^2 - y^2 \geq 0, \\ x^2 + y^2 - 1 > 0 \end{cases}$ 得 $1 < x^2 + y^2 \leq 4$,所以所求函数的定义域为

$$D = \{(x, y) \mid 1 < x^2 + y^2 \leq 4\}.$$

例 6.4 已知 $f(x, y) = 3x + 2y$,求 $f[xy, f(x, y)]$.

解
$$\begin{aligned} f[xy, f(x, y)] &= 3xy + 2f(x, y) \\ &= 3xy + 2(3x + 2y) \\ &= 3xy + 6x + 4y. \end{aligned}$$

例 6.5 已知 $f(x + y, x - y) = x^2 y + xy^2$,求 $f(x, y)$.

解 令 $u = x + y, v = x - y$,则 $x = \dfrac{u + v}{2}, y = \dfrac{u - v}{2}$.

所以 $f(u, v) = \dfrac{u + v}{2} \cdot \dfrac{u - v}{2} \cdot u = \dfrac{u(u^2 - v^2)}{4}$,从而 $f(x, y) = \dfrac{x(x^2 - y^2)}{4}$.

上述的概念可以推广到 $R^n, n \geq 3$ 中.

定义 6.11(二元函数的极限) 设二元函数 $z = f(x, y)$ 定义在 $D \subset R^2$,$P_0(x_0, y_0)$ 是 D 的任一聚点,且 $P_0 \in D$,A 是一个实常数. 如果对于任意给定的正数 ε,总存在正数 δ,使得 $\forall P(x, y) \in U(P_0, \delta) \cap D$,恒有

$$|f(P) - A| = |f(x, y) - A| < \varepsilon$$

成立,则称 $P(x, y) \to P_0(x_0, y_0)$ 时函数 $z = f(x, y)$ 以 A 为极限,记为

$$\lim_{(x, y) \to (x_0, y_0)} f(x, y) = A \text{ 或 } \lim_{\substack{x \to x_0 \\ y \to y_0}} f(x, y) = A,$$

也记为

$$\lim_{P \to P_0} f(P) = A.$$

二元函数的极限有时也称为二重极限.

注 6.3 (1)在定义 6.11 中 $P(x, y) \to P_0(x_0, y_0)$ 是指定义域中的点 $P(x, y)$ 以任何方式趋于 $P_0(x_0, y_0)$ 时,$z = f(x, y)$ 都无限接近于同一常数 A;

(2)当 P 以某种特殊方式趋近于 P_0 时,使函数 $f(x, y)$ 无限接近于某一常数,也不能断定二重极限存在;

(3)当 P 以某种特殊方式趋近于 P_0 时,函数 $f(x, y)$ 的极限不存在;或者当 P 以两种特殊方式趋近于 P_0 时,函数 $f(x, y)$ 分别无限接近于两个不同的常

数,则二重极限不存在.

例 6.6 设函数 $f(x,y) = \sin\sqrt{x^2+y^2}$,证明:$\lim\limits_{(x,y)\to(0,0)} f(x,y) = 0$.

证明 由于

$$|f(x,y) - 0| = \left|\sin\sqrt{x^2+y^2} - 0\right| \leqslant \sqrt{x^2+y^2},$$

对于任意给定的 $\varepsilon > 0$,取 $\delta = \varepsilon$,当

$$0 < \sqrt{(x-0)^2 + (y-0)^2} < \delta,$$

即 $P(x,y) \in U(P_0,\delta) \cap D$ 时,恒有

$$|f(x,y) - 0| \leqslant \sqrt{x^2+y^2} < \varepsilon,$$

成立,由定义 6.11 知,

$$\lim\limits_{(x,y)\to(0,0)} f(x,y) = 0.$$

例 6.7 $\lim\limits_{(x,y)\to(0,2)} \dfrac{\sin xy}{x}$.

解 $\lim\limits_{(x,y)\to(0,2)} \dfrac{\sin xy}{x} = \lim\limits_{(x,y)\to(0,2)} \dfrac{\sin xy}{xy} \cdot y$

$$= \lim\limits_{(x,y)\to(0,2)} \dfrac{\sin xy}{xy} \lim\limits_{(x,y)\to(0,2)} y = 2.$$

例 6.8 求极限 $\lim\limits_{(x,y)\to(0,1)} \dfrac{1-x+xy}{x^2+y^2}$.

解 $\lim\limits_{(x,y)\to(0,1)} \dfrac{1-x+xy}{x^2+y^2} = \dfrac{1-0+0}{0^2+1^2} = 1$.

例 6.9 $\lim\limits_{(x,y)\to(0,0)} \dfrac{2-\sqrt{xy+4}}{xy}$.

解 $\lim\limits_{(x,y)\to(0,0)} \dfrac{2-\sqrt{xy+4}}{xy} = \lim\limits_{(x,y)\to(0,0)} \dfrac{4-(xy+4)}{xy(2+\sqrt{xy+4})}$

$$= -\lim\limits_{(x,y)\to(0,0)} \dfrac{1}{2+\sqrt{xy+4}} = -\dfrac{1}{4}.$$

例 6.10 证明:$f(x,y) = \begin{cases} \dfrac{xy}{x^2+y^2}, & (x,y) \neq (0,0), \\ 0, & (x,y) = (0,0), \end{cases}$ 当 $(x,y)\to(0,0)$ 时二

重极限不存在.

证明 当动点 $P(x,y)$ 沿着直线 $y = kx$(k 为常数)趋于点 $(0,0)$ 时,有

$$\lim\limits_{(x,y)\to(0,0)} f(x,y) = \lim\limits_{(x,y)\to(0,0)} \dfrac{kx^2}{x^2+k^2x^2} = \dfrac{k}{1+k^2},$$

极限随着 k 的改变而改变,所以当 $(x,y)\to(0,0)$ 时,函数 $f(x,y) = \dfrac{xy}{x^2+y^2}$ 的极

限不存在.

例 6.11 证明极限 $\lim\limits_{(x,y)\to(0,0)}\dfrac{2xy}{x^2+3y^2}$ 不存在.

解 当动点 $P(x,y)$ 沿着直线 $y=kx$(k 是常数)趋于点 $(0,0)$ 时,有

$$\lim_{\substack{(x,y)\to(0,0)\\y=kx}}\frac{2xy}{x^2+3y^2}=\lim_{x\to0}\frac{2x\cdot kx}{x^2+3(kx)^2}=\lim_{x\to0}\frac{2k}{1+3k^2}=\frac{2k}{1+3k^2}.$$

极限随着 k 的改变而改变,所以当 $(x,y)\to(0,0)$ 时,函数 $f(x,y)=\dfrac{2xy}{x^2+3y^2}$ 的

极限不存在.

定义 6.12(二元函数的连续性) 设二元函数 $z=f(x,y)$ 在区域 D 上有定义,$P_0(x_0,y_0)$ 是 D 的任一聚点,且 $P_0\in D$. 如果

$$\lim_{(x,y)\to(x_0,y_0)}f(x,y)=f(x_0,y_0),$$

则称二元函数 $z=f(x,y)$ 在点 P_0 外连续.

如果 $f(x,y)$ 在点 P_0 处不连续,则称 P_0 是函数 $f(x,y)$ 的间断点.

定义 6.13 令 $\Delta x=x-x_0$,$\Delta y=y-y_0$,则称

$$\Delta z=f(x_0+\Delta x,y_0+\Delta y)-f(x_0,y_0)$$

为函数 $f(x,y)$ 在点 $P_0(x_0,y_0)$ 的全增量.

当

$$\lim_{(\Delta x,\Delta y)\to(0,0)}\Delta z=\lim_{(\Delta x,\Delta y)\to(0,0)}f(x_0+\Delta x,y_0+\Delta y)-f(x_0,y_0)=0$$

时,函数 $f(x,y)$ 在点 $P_0(x_0,y_0)$ 处也连续.

定义 6.14 若函数 $f(x,y)$ 在区域 D 上每一点都连续,则称 $f(x,y)$ 在 D 上连续,或称 $f(x,y)$ 是 D 上的连续函数.

定理 6.1(二元连续函数的性质) (1)二元连续函数的和、差、积、商(分母不为零)仍为连续函数;

(2)二元连续函数的复合函数也是连续函数;

(3)二元初等函数在它的定义域内是连续函数;

(4)二元连续函数在有界闭区域上一定存在最大值与最小值;

(5)二元连续函数在有界闭区域上一定有界;

(6)二元连续函数在有界闭区域上必能取得介于最大值与最小值之间的任何值.

二、二元函数的偏导数与全微分

1. 二元函数的偏导数

定义 6.15(偏增量) 设函数 $z=f(x,y)$ 在点 $P_0(x_0,y_0)$ 的某邻域内有定

义,当 y 固定在 y_0 保持不变,而 x 从 x_0 处取得改变量 $\Delta x(\Delta x \neq 0)$ 时(点 $(x_0 + \Delta x, y_0)$ 仍属于该邻域),函数相应的改变量为

$$\Delta_x z = f(x_0 + \Delta x, y_0) - f(x_0, y_0),$$

称为函数 z 对于 x 的偏增量.

类似地,可定义函数对于 y 的偏增量为

$$\Delta_y z = f(x_0, y_0 + \Delta y) - f(x_0, y_0).$$

定义 6.16(偏导数)　设二元函数 $z = f(x, y)$ 在点 $P_0(x_0, y_0)$ 的某邻域内有定义,如果极限

$$\lim_{\Delta x \to 0} \frac{\Delta_x z}{\Delta x} = \lim_{\Delta x \to 0} \frac{f(x_0 + \Delta x, y_0) - f(x_0, y_0)}{\Delta x}$$

存在,则称此极限为函数 $z = f(x, y)$ 在点 $P_0(x_0, y_0)$ 处对 x 的偏导数,记作 $\dfrac{\partial z}{\partial x}\bigg|_{(x_0, y_0)}, \dfrac{\partial f}{\partial x}\bigg|_{(x_0, y_0)}, z_x(x_0, y_0)$ 或 $f_x(x_0, y_0)$,即

$$f_x(x_0, y_0) = \lim_{\Delta x \to 0} \frac{f(x_0 + \Delta x, y_0) - f(x_0, y_0)}{\Delta x}.$$

类似地,函数 $z = f(x, y)$ 在点 $P_0(x_0, y_0)$ 处对 y 的偏导数定义为

$$\lim_{\Delta y \to 0} \frac{\Delta_y z}{\Delta y} = \lim_{\Delta y \to 0} \frac{f(x_0, y_0 + \Delta y) - f(x_0, y_0)}{\Delta y},$$

记作 $\dfrac{\partial z}{\partial y}\bigg|_{(x_0, y_0)}, \dfrac{\partial f}{\partial y}\bigg|_{(x_0, y_0)}, z_y(x_0, y_0)$ 或 $f_y(x_0, y_0)$.

定义 6.17　如果函数 $z = f(x, y)$ 在区域 D 内每一点 (x, y) 处对 x 的偏导数都存在,那么这个偏导数就是 x, y 的函数,称为函数 $z = f(x, y)$ 关于自变量 x 的偏导函数,记作 $\dfrac{\partial z}{\partial x}, \dfrac{\partial f}{\partial x}, z_x$ 或 $f_x(x, y)$. 类似地,函数 $z = f(x, y)$ 对自变量 y 的偏导函数,记作 $\dfrac{\partial z}{\partial y}, \dfrac{\partial f}{\partial y}, z_y$ 或 $f_y(x, y)$.

注 6.4　(1)二元函数 $z = f(x, y)$ 在点 $P_0(x_0, y_0)$ 处对 x(或 y)的偏导数就是偏导函数在这一点处的函数值,即

$$f_x(x_0, y_0) = f_x(x, y)\bigg|_{\substack{x = x_0 \\ y = y_0}}, \quad f_y(x_0, y_0) = f_y(x, y)\bigg|_{\substack{x = x_0 \\ y = y_0}}.$$

(2)二元函数 $z = f(x, y)$ 在点 $P_0(x_0, y_0)$ 处对 x(或 y)的偏导数就是一元函数 $z = f(x, y_0)$ 在点 x_0 处(或 $z = f(x_0, y)$ 在点 y_0 处)的导数,即

$$f_x(x_0, y_0) = f'(x, y_0)\big|_{x = x_0}, \quad f_y(x_0, y_0) = f'(x_0, y)\big|_{y = y_0}.$$

定义 6.16、定义 6.17 可以推广到三元以上的多元函数.

例 6.12 设二元函数 $f(x,y) = x^3y^8$，求 $f_x(x,y)$，$f_y(x,y)$，$f_x(1,0)$，$f_y(-1,1)$.

解 对 x 求偏导数时，把 y 视为常数，则 $f_x(x,y) = 3x^2y^8$；对 y 求偏导数时，把 x 视为常数，则 $f_y(x,y) = 8x^3y^7$.

从而有 $f_x(1,0) = 0$，$f_y(-1,1) = -8$.

例 6.13 求二元函数 $z = \sin^3 xy + \sin(x+y)$ 的偏导数.

解 $\dfrac{\partial z}{\partial x} = 3\sin xy\cos xy \cdot y + \cos(x+y) = \dfrac{3}{2}y\sin 2xy + \cos(x+y)$，

$\dfrac{\partial z}{\partial y} = 3\sin xy\cos xy \cdot x + \cos(x+y) = \dfrac{3}{2}x\sin 2xy + \cos(x+y)$.

例 6.14 已知 $f(x,y) = x^2 + (y-1)\arcsin\sqrt{\dfrac{x}{4y}}$，求 $f_x(2,1)$.

解 先将 $y=1$ 代入 $f(x,y)$ 中，得 $f(x,1) = x^2$. 所以 $f_x(2,1) = 2\times 2 = 4$.

2. 偏导数与连续

对于一元函数 $y = f(x)$，若其在点 x_0 处可导，则必在点 x_0 处连续. 但对于二元函数 $z = f(x,y)$，当在点 (x_0,y_0) 处的两个偏导数都存在时，不能保证函数 $f(x,y)$ 在点 (x_0,y_0) 处连续. 这是因为偏导数 $f_x(x_0,y_0)$，$f_y(x_0,y_0)$ 存在只能保证一元函数 $z = f(x,y_0)$ 和 $z = f(x_0,y)$ 分别在 x_0 和 y_0 处连续，但不能保证 (x,y) 以任何方式趋于 (x_0,y_0) 时，函数 $f(x,y)$ 都趋于 $f(x_0,y_0)$.

例 6.15 求二元函数

$$f(x,y) = \begin{cases} \dfrac{xy}{x^2+y^2}, & (x,y) \neq (0,0) \\ 0, & (x,y) = (0,0) \end{cases}$$

在点 $(0,0)$ 处的偏导数，并讨论它在点 $(0,0)$ 处的连续性.

解 对于点 $(0,0)$ 有

$$f_x(0,0) = \lim_{\Delta x\to 0}\frac{f(0+\Delta x,0) - f(0,0)}{\Delta x} = \lim_{\Delta x\to 0}\frac{0-0}{\Delta x} = 0,$$

类似可求 $f_y(0,0) = 0$. 易证 $f(x,y)$ 在点 $(0,0)$ 处不连续.

二元函数在某一点连续也不能保证它在该点处存在偏导数.

例 6.16 证明函数 $f(x,y) = \sqrt{x^2+y^2}$ 在原点连续，但在该点处不存在偏导数.

证明 因为 $\lim\limits_{\substack{x\to 0\\y\to 0}} f(x,y) = \lim\limits_{\substack{x\to 0\\y\to 0}} \sqrt{x^2+y^2} = 0 = f(0,0)$，因此该函数在原点处连续. 但

$$\lim_{\Delta x \to 0} \frac{f(\Delta x, 0) - f(0,0)}{\Delta x} = \lim_{\Delta x \to 0} \frac{\sqrt{(\Delta x)^2 + 0^2} - \sqrt{0^2 + 0^2}}{\Delta x} = \lim_{\Delta x \to 0} \frac{|\Delta x|}{\Delta x},$$

当 $\Delta x > 0$ 时,上面的极限为 1;当 $\Delta x < 0$ 时,上面的极限为 -1;因此 $f_x(0,0)$ 不存在.

类似可证 $f_y(0,0)$ 也不存在.

3. 高阶偏导数

定义 6. 18　设函数 $z = f(x,y)$ 在区域 D 内具有偏导数,那么在 D 内 $f_x(x,y)$,$f_y(x,y)$ 仍是 x,y 的二元函数. 如果这两个偏导数对 x,y 也存在偏导数,则称它们是函数 $z = f(x,y)$ 的二阶偏导数,按照对变量求导次序的不同有下列四个二阶偏导数:

$$\frac{\partial}{\partial x}\left(\frac{\partial z}{\partial x}\right) = \frac{\partial^2 z}{\partial x^2} = \frac{\partial^2 f}{\partial x^2} = f_{xx}(x,y), \quad \frac{\partial}{\partial y}\left(\frac{\partial z}{\partial x}\right) = \frac{\partial^2 z}{\partial x \partial y} = \frac{\partial^2 f}{\partial x \partial y} = f_{xy}(x,y),$$

$$\frac{\partial}{\partial x}\left(\frac{\partial z}{\partial y}\right) = \frac{\partial^2 z}{\partial y \partial x} = \frac{\partial^2 f}{\partial y \partial x} = f_{yx}(x,y), \quad \frac{\partial}{\partial y}\left(\frac{\partial z}{\partial y}\right) = \frac{\partial^2 z}{\partial y^2} = \frac{\partial^2 f}{\partial y^2} = f_{yy}(x,y).$$

其中 $f_{xy}(x,y)$ 和 $f_{yx}(x,y)$ 称为二阶混合偏导数. 同样的方法可得到三阶、四阶及阶偏导数,二阶及以上的偏导数统称为高阶偏导数.

例 6. 17　设函数 $z = x^3 y^2 + 6x^4 y^2 + y$,求 $\dfrac{\partial^2 z}{\partial x^2}, \dfrac{\partial^2 z}{\partial y^2}, \dfrac{\partial^2 z}{\partial x \partial y}$.

解　$\dfrac{\partial z}{\partial x} = 3x^2 y^2 + 24x^3 y^2, \dfrac{\partial z}{\partial y} = 2x^3 y + 12x^4 y + 1$,

$\dfrac{\partial^2 z}{\partial x^2} = 6xy^2 + 72x^2 y^2, \dfrac{\partial^2 z}{\partial y^2} = 2x^3 + 12x^4, \dfrac{\partial^2 z}{\partial x \partial y} = 6x^2 y + 48x^3 y.$

例 6. 18　求函数 $f(x,y) = y^2 \sin x + y\mathrm{e}^x$ 的所有二阶偏导数.

解　$\dfrac{\partial f}{\partial x} = y^2 \cos x + y\mathrm{e}^x, \dfrac{\partial f}{\partial y} = 2y\sin x + \mathrm{e}^x$,

$\dfrac{\partial^2 f}{\partial x^2} = -y^2 \sin x + \mathrm{e}^x, \dfrac{\partial^2 f}{\partial x \partial y} = 2y\cos x + \mathrm{e}^x, \dfrac{\partial^2 f}{\partial y^2} = 2\sin x, \dfrac{\partial^2 f}{\partial y \partial x} = 2y\cos x + \mathrm{e}^x.$

定理 6. 2　如果函数 $z = f(x,y)$ 的两个二阶混合偏导数 $\dfrac{\partial^2 z}{\partial x \partial y}$ 及 $\dfrac{\partial^2 z}{\partial y \partial x}$ 在区域 D 内连续,那么在该区域内这两个二阶混合偏导数相等,即二阶混合偏导数连续时与求偏导的顺序无关.

定义 6. 19(全微分)　设函数 $z = f(x,y)$ 在点 (x_0, y_0) 的某邻域内有定义,点 $(x_0 + \Delta x, y_0 + \Delta y)$ 为该邻域内任意一点,若 $z = f(x,y)$ 在点 (x_0, y_0) 处的全增量 $\Delta z = f(x_0 + \Delta x, y_0 + \Delta y) - f(x_0, y_0)$ 可表示为 $\Delta z = A\Delta x + B\Delta y + o(\rho)$,其中 A,B 仅与点 (x_0, y_0) 有关,与 $\Delta x, \Delta y$ 无关,$\rho = \sqrt{(\Delta x)^2 + (\Delta y)^2}$,$o(\rho)$ 是当 $\rho \to 0$

时关于 ρ 高阶的无穷小量,则称函数 $z=f(x,y)$ 在点 (x_0,y_0) 处可微,并称 $A\Delta x+B\Delta y$ 为函数 $z=f(x,y)$ 在点 (x_0,y_0) 处的全微分,记作 $\mathrm{d}z|_{(x_0,y_0)}$,即 $\mathrm{d}z|_{(x_0,y_0)}=A\Delta x+B\Delta y$.

如果函数 $z=f(x,y)$ 在区域 D 内各点都可微,那么称 $z=f(x,y)$ 在区域 D 内可微,此时微分记为 $\mathrm{d}z=A\Delta x+B\Delta y$.

定理 6.3(可微的必要条件) 若 $z=f(x,y)$ 在点 (x,y) 处可微,则 $f(x,y)$ 在点 (x,y) 处连续,且在点 (x,y) 处存在偏导数,$A=f_x(x,y)$,$B=f_y(x,y)$.

证明 由全微分的定义得

$$\Delta z = A\Delta x + B\Delta y + o(\rho).$$

若给 x 一个增量 Δx,固定 y 不变,即 $\Delta y=0$,从而 $\rho=\sqrt{(\Delta x)^2+0^2}=|\Delta x|$,所以

$$\Delta z = A\Delta x + o(|\Delta x|),$$

则

$$\lim_{\Delta x\to 0}\frac{\Delta z}{\Delta x} = \lim_{\Delta x\to 0}\frac{A\Delta x+o(|\Delta x|)}{\Delta x} = A.$$

所以函数 $z=f(x,y)$ 在点 (x,y) 处的关于 x 偏导数存在,且 $A=f_x(x,y)$.同理,可证明 $f_y(x,y)$ 也存在,且 $B=f_y(x,y)$.

由定理 6.3 可知,如果函数 $z=f(x,y)$ 在区域 D 上每一点都可微,则函数 $z=f(x,y)$ 的全微分可表示为 $\mathrm{d}z=f_x\mathrm{d}x+f_y\mathrm{d}y$.

定理 6.4(可微的充分条件) 若函数 $z=f(x,y)$ 的偏导数在点 (x_0,y_0) 的某邻域内存在,且 $f_x(x,y)$ 与 $f_y(x,y)$ 在点 (x_0,y_0) 处连续,则函数 $f(x,y)$ 在点 (x_0,y_0) 处存在全微分.

注 6.5 (1)偏导数连续只是函数可微的充分条件,不是必要条件;

(2)二元函数 $z=f(x,y)$ 在某点是否连续与偏导数是否存在无关.

例 6.19 证明:函数 $f(x,y)=\begin{cases}\dfrac{x^2y}{x^2+y^2},&x^2+y^2\neq 0\\0,&x^2+y^2=0\end{cases}$ 在点 $(0,0)$ 处连续且偏导数存在,但在点 $(0,0)$ 处不可微.

证明 因为 $\left|\dfrac{x^2y}{x^2+y^2}\right|=\dfrac{|x||xy|}{x^2+y^2}\leqslant\dfrac{|x|}{2}$,从而 $\lim\limits_{(x,y)\to(0,0)}\dfrac{x^2y}{x^2+y^2}=0=f(0,0)$,所以 $f(x,y)$ 在点 $(0,0)$ 处连续.

$f_x(0,0)=\lim\limits_{\Delta x\to 0}\dfrac{f(0+\Delta x,0)-f(0,0)}{\Delta x}=\lim\limits_{\Delta x\to 0}\dfrac{0-0}{\Delta x}=0$,同理 $f_y(0,0)=0$.所以 $f(x,y)$ 在点 $(0,0)$ 处的偏导数存在.

但

$$\lim_{(\Delta x, \Delta y) \to (0,0)} \frac{\Delta f - f_x(0,0)\Delta x - f_y(0,0)\Delta y}{\sqrt{(\Delta x)^2 + (\Delta y)^2}} = \lim_{(\Delta x, \Delta y) \to (0,0)} \frac{(\Delta x)^2 \cdot \Delta y}{[(\Delta x)^2 + (\Delta y)^2]^{\frac{3}{2}}},$$

当 $\Delta x = \Delta y$ 时,上述极限为 $\frac{1}{\sqrt{8}}$;当 $\Delta y = 0$ 时,上述极限为 0. 故上述极限不存在,所以 $f(x,y)$ 在点 $(0,0)$ 处不可微.

例 6.20 证明函数 $f(x,y) = \begin{cases} (x^2 + y^2)\sin\dfrac{1}{\sqrt{x^2 + y^2}}, & x^2 + y^2 \neq 0 \\ 0, & x^2 + y^2 = 0 \end{cases}$ 在点 $(0,$

$0)$ 处连续且偏导数存在,但偏导数在点 $(0,0)$ 处不连续,而 $f(x,y)$ 在点 $(0,0)$ 处可微.

证明 因为 $\lim\limits_{(x,y) \to (0,0)} (x^2 + y^2)\sin\dfrac{1}{\sqrt{x^2 + y^2}} = \lim\limits_{\rho \to 0}\rho^2\sin\dfrac{1}{\rho} = 0 = f(0,0)$,所以 $f(x,y)$ 在点 $(0,0)$ 处连续.

当 $x^2 + y^2 \neq 0$ 时,$f_x(x,y) = 2x\sin\dfrac{1}{\sqrt{x^2 + y^2}} - \dfrac{x}{\sqrt{x^2 + y^2}}\cos\dfrac{1}{\sqrt{x^2 + y^2}}$;当 $x^2 +$

$y^2 = 0$ 时,$f_x(0,0) = \lim\limits_{\Delta x \to 0}\dfrac{f(0 + \Delta x, 0) - f(0,0)}{\Delta x} = \lim\limits_{\Delta x \to 0}\Delta x\sin\dfrac{1}{\Delta x} = 0$;但由于

$\lim\limits_{(x,y) \to (0,0)} x\sin\dfrac{1}{\sqrt{x^2 + y^2}} = 0$,而 $\lim\limits_{(x,y) \to (0,0)}\dfrac{x}{\sqrt{x^2 + y^2}}\cos\dfrac{1}{\sqrt{x^2 + y^2}}$不存在,因此当 $(x,$

$y) \to (0,0)$ 时,$f_x(x,y)$ 的极限不存在,从而 $f_x(x,y)$ 在点 $(0,0)$ 处不连续. 同理可证 $f_y(x,y)$ 在点 $(0,0)$ 处不连续,而

$$\lim_{(\Delta x, \Delta y) \to (0,0)} \frac{\Delta f - f_x(0,0)\Delta x - f_y(0,0)\Delta y}{\sqrt{(\Delta x)^2 + (\Delta y)^2}}$$

$$= \lim_{(\Delta x, \Delta y) \to (0,0)} \frac{(\Delta x)^2 + (\Delta y)^2}{\sqrt{(\Delta x)^2 + (\Delta y)^2}}\sin\frac{1}{\sqrt{(\Delta x)^2 + (\Delta y)^2}} = 0,$$

所以 $f(x,y)$ 在点 $(0,0)$ 处可微且 $\mathrm{d}f|_{(0,0)} = 0$.

以上关于全微分的定义及定理可以推广到三元及三元以上的函数.

例 6.21 求函数 $z = 3x^3y^2 + x^2y^2$ 在点 $(1,1)$ 处的全微分.

解 $\dfrac{\partial z}{\partial x} = 9x^2y^2 + 2xy^2$,$\dfrac{\partial z}{\partial x}\Big|_{(1,1)} = (9x^2y^2 + 2xy^2)|_{(1,1)} = 11$,

$\dfrac{\partial z}{\partial y} = 6x^3y + 2x^2y$,$\dfrac{\partial z}{\partial y}\Big|_{(1,1)} = (6x^3y + 2x^2y)|_{(1,1)} = 8$.

由于 $\dfrac{\partial z}{\partial x}$,$\dfrac{\partial z}{\partial y}$ 在点 $(1,1)$ 处连续,所以函数 $z = 2x^2y + xy^2$ 在点 $(1,1)$ 处可微,

且有

$$dz\big|_{(1,1)} = \frac{\partial z}{\partial x}\bigg|_{(1,1)} dx + \frac{\partial z}{\partial y}\bigg|_{(1,1)} dy = 11dx + 8dy.$$

定理 6.5 设函数 $u = \varphi(t), v = \psi(t)$ 在点 t 处可导,函数 $z = f(u,v)$ 在相应点 (u,v) 处可微,则复合函数 $z = f(\varphi(t), \psi(t))$ 在点 t 处可导,并且

$$\frac{dz}{dt} = \frac{\partial z}{\partial u}\frac{du}{dt} + \frac{\partial z}{\partial v}\frac{dv}{dt}.$$

定理 6.5 可以推广到复合函数的中间变量多于两个的情形.

例 6.22 设 $z = x^3 e^y$,其中 $x = 3\sin t, y = t^2 + \cos t$,求 $\dfrac{dz}{dt}$.

解 由定理 6.5 得

$$\begin{aligned}
\frac{dz}{dt} &= \frac{\partial z}{\partial x}\frac{dx}{dt} + \frac{\partial z}{\partial y}\frac{dy}{dt} = 3x^2 e^y 3\cos t + x^3 e^y (2t - \sin t) \\
&= 3(3\sin t)^2 e^{t^2 + \cos t} 3\cos t + (3\sin t)^3 e^{t^2 + \cos t}(2t - \sin t) \\
&= 81 e^{t^2 + \cos t} \sin^2 t \cos t + 27(2t - \sin t) e^{t^2 + \cos t} \sin^3 t.
\end{aligned}$$

例 6.23 设 $z = \arcsin(x - y), x = 3t, y = 4t^3$,求 $\dfrac{dz}{dt}$.

解 由定理 6.5 得

$$\begin{aligned}
\frac{dz}{dt} &= \frac{\partial z}{\partial x}\frac{dx}{dt} + \frac{\partial z}{\partial y}\frac{dy}{dt} \\
&= \frac{1}{\sqrt{1 - (x - y)^2}} \cdot 3 + \frac{1}{\sqrt{1 - (x - y)^2}} \cdot (-12t^2) \\
&= \frac{1}{\sqrt{1 - (3t - 4t^3)^2}}(3 - 12t^2).
\end{aligned}$$

定理 6.6 若 $u = \varphi(x,y), v = \psi(x,y)$ 在点 (x,y) 处存在关于所有变量的偏导数,$z = f(u,v)$ 在相应点 (u,v) 处可微,则复合函数 $z = f(\varphi(x,y), \psi(x,y))$ 在点 (x,y) 处存在偏导数,且

$$\frac{\partial z}{\partial x} = \frac{\partial z}{\partial u}\frac{\partial u}{\partial x} + \frac{\partial z}{\partial v}\frac{\partial v}{\partial x}, \qquad \frac{\partial z}{\partial y} = \frac{\partial z}{\partial u}\frac{\partial u}{\partial y} + \frac{\partial z}{\partial v}\frac{\partial v}{\partial y}.$$

定理 6.6 可以推广到中间变量或自变量多于两个的情形.

例 6.24 设 $z = u^2 \ln v, u = \dfrac{x}{y}, v = 2x - y$,求 $\dfrac{\partial z}{\partial y}$.

解 由定理 6.6 可得

$$\begin{aligned}
\frac{\partial z}{\partial y} &= \frac{\partial z}{\partial u}\frac{\partial u}{\partial y} + \frac{\partial z}{\partial v}\frac{\partial v}{\partial y} \\
&= 2u\ln v\left(-\frac{x}{y^2}\right) + \frac{u^2}{v}(-1)
\end{aligned}$$

$$= 2\frac{x}{y}\ln(2x-y)\left(-\frac{x}{y^2}\right) - \frac{x^2}{(2x-y)y^2}$$

$$= -\frac{2x^2}{y^3}\ln(2x-y) - \frac{x^2}{(2x-y)y^2}.$$

例 6.25 设 $z = f\left(\dfrac{y}{x}, \sin\sqrt{xy}\right)$，求 $\dfrac{\partial z}{\partial x}$.

解 令 $u = \dfrac{y}{x}, v = \sin\sqrt{xy}$，则 $z = f(u,v)$，

$$\frac{\partial z}{\partial x} = \frac{\partial z}{\partial u}\frac{\partial u}{\partial x} + \frac{\partial z}{\partial v}\frac{\partial v}{\partial x}$$

$$= \frac{\partial f}{\partial u}\left(-\frac{y}{x^2}\right) + \frac{\partial f}{\partial v}\cos\sqrt{xy}\cdot\frac{1}{2\sqrt{xy}}\cdot y.$$

定理 6.7 函数 $z = f(u,x,y)$ 具有连续偏导数，而 $u = \varphi(x,y)$ 具有偏导数，则复合函数 $z = f(\varphi(x,y),x,y)$ 在点 (x,y) 处存在偏导数，且 $\dfrac{\partial z}{\partial x} = \dfrac{\partial f}{\partial u}\dfrac{\partial u}{\partial x} + \dfrac{\partial f}{\partial x}$，

$\dfrac{\partial z}{\partial y} = \dfrac{\partial f}{\partial u}\dfrac{\partial u}{\partial y} + \dfrac{\partial f}{\partial y}$.

注 6.6 在定理 6.7 中的公式的右端 z 换成了 f，要注意 $\dfrac{\partial z}{\partial x}$ 和 $\dfrac{\partial f}{\partial x}$ 是不同的.

例 6.26 设 $u = f(x,y,z) = x^2 + y^2 + z^2, z = x^2\sin y$，求 $\dfrac{\partial u}{\partial x}, \dfrac{\partial u}{\partial y}$.

解 $\dfrac{\partial u}{\partial x} = \dfrac{\partial f}{\partial x} + \dfrac{\partial f}{\partial z}\dfrac{\partial z}{\partial x} = 2x + 2z\cdot 2x\sin y = 2x + 4xz\sin y = 2x + 4x^3\sin^2 y$,

$\dfrac{\partial u}{\partial y} = \dfrac{\partial f}{\partial y} + \dfrac{\partial f}{\partial z}\dfrac{\partial z}{\partial y} = 2y + 2z\cdot x^2\cos y = 2y + 2x^2 z\cos y = 2y + 2x^4\sin y\cos y$.

例 6.27 设 $z = f(x^2 - y^2, \mathrm{e}^{xy})$，其中 f 是可微函数，求 $\dfrac{\partial z}{\partial x}, \dfrac{\partial z}{\partial y}$.

解 令 $u = x^2 - y^2, v = \mathrm{e}^{xy}$，则 $z = f(u,v)$，于是有

$$\frac{\partial z}{\partial x} = \frac{\partial f}{\partial u}\frac{\partial u}{\partial x} + \frac{\partial f}{\partial v}\frac{\partial v}{\partial x} = 2xf_u + y\mathrm{e}^{xy}f_v,$$

$$\frac{\partial z}{\partial y} = \frac{\partial f}{\partial u}\frac{\partial u}{\partial y} + \frac{\partial f}{\partial v}\frac{\partial v}{\partial y} = -2yf_u + x\mathrm{e}^{xy}f_v.$$

例 6.28 设 $z = f(x^2 + y^2)$，其中 f 具有二阶导数，求 $\dfrac{\partial^2 z}{\partial x^2}, \dfrac{\partial^2 z}{\partial x\partial y}$.

解 令 $u = x^2 + y^2$，则

$$z = f(u), \quad \frac{\partial z}{\partial x} = f'(u)\frac{\partial u}{\partial x} = 2xf', \quad \frac{\partial z}{\partial y} = f'(u)\frac{\partial u}{\partial y} = 2yf',$$

$$\frac{\partial^2 z}{\partial x^2} = 2f' + 2xf'' \frac{\partial u}{\partial x} = 2f' + 4x^2 f'',$$

$$\frac{\partial^2 z}{\partial x \partial y} = 2xf'' \frac{\partial u}{\partial y} = 4xyf''.$$

定理 6.8 设函数 $F(x,y)$ 在点 (x_0,y_0) 的某一邻域内具有连续偏导数 $F_x(x,y)$，$F_y(x,y)$，且 $F(x_0,y_0)=0$，$F_y(x_0,y_0)\neq0$，则方程 $F(x,y)=0$ 在点 (x_0,y_0) 的某一邻域内能唯一确定一个具有连续导数的函数 $y=f(x)$，且 $y_0=f(x_0)$，$\dfrac{\mathrm{d}y}{\mathrm{d}x} = -\dfrac{F_x(x,y)}{F_y(x,y)}$.

定理 6.9 设函数 $F(x,y,z)$ 在点 (x_0,y_0,z_0) 的某邻域内具有连续的偏导数且 $F(x_0,y_0,z_0)=0$，$F_z(x_0,y_0,z_0)\neq0$，则方程 $F(x,y,z)=0$ 在点 (x_0,y_0,z_0) 的某一邻域内能唯一确定一个具有连续偏导数的函数 $z=f(x,y)$，且 $z_0=f(x_0,y_0)$，$\dfrac{\partial z}{\partial x} = -\dfrac{F_x}{F_z}$，$\dfrac{\partial z}{\partial y} = -\dfrac{F_y}{F_z}$.

例 6.29 说明由方程 $F(x,y)=\sin y + \mathrm{e}^x - xy^2 - 1 = 0$ 在点 $(0,0)$ 的某邻域内能确定一个隐函数 $y=f(x)$，并求出 $y=f(x)$ 的一阶导数.

解 函数 $F(x,y)=\sin y + \mathrm{e}^x - xy^2 - 1$ 在点 $(0,0)$ 的某邻域内具有连续的偏导数

$$F_x = \mathrm{e}^x - y^2, \quad F_y = \cos y - 2xy,$$

且 $F(0,0)=0$，$F_y(0,1)=1\neq0$，即 $F(x,y)$ 满足定理 6.9 的条件，所以方程 $F(x,y)=0$ 在点 $(0,0)$ 的某邻域内能确定一个隐函数 $y=f(x)$，得

$$\frac{\mathrm{d}y}{\mathrm{d}x} = -\frac{F_x(x,y)}{F_y(x,y)} = -\frac{\mathrm{e}^x - y^2}{\cos y - 2xy} = \frac{y^2 - \mathrm{e}^x}{\cos y - 2xy}.$$

例 6.30 设 $z=f(x,y)$ 是由方程 $\mathrm{e}^{-xy} - 2z + \mathrm{e}^{-z} = 0$ 确定的隐函数，求 $\dfrac{\partial z}{\partial x}$，$\dfrac{\partial z}{\partial y}$.

解 设 $F(x,y,z) = \mathrm{e}^{-xy} - 2z + \mathrm{e}^{-z}$，则

$$F_x = -y\mathrm{e}^{-xy}, F_y = -x\mathrm{e}^{-xy}, F_z = -2 - \mathrm{e}^{-z},$$

则

$$\frac{\partial z}{\partial x} = -\frac{F_x}{F_z} = -\frac{-y\mathrm{e}^{-xy}}{-2-\mathrm{e}^{-z}} = -\frac{y\mathrm{e}^{-xy}}{2+\mathrm{e}^{-z}},$$

$$\frac{\partial z}{\partial y} = -\frac{F_y}{F_z} = -\frac{-x\mathrm{e}^{-xy}}{-2-\mathrm{e}^{-z}} = -\frac{x\mathrm{e}^{-xy}}{2+\mathrm{e}^{-z}}.$$

定理 6.10 设函数 $F(x,y,u,v)$，$G(x,y,u,v)$ 在点 (x_0,y_0,u_0,v_0) 的某一邻域内对各个变量具有连续的偏导数，又 $F(x_0,y_0,u_0,v_0)=0$，$G(x_0,y_0,u_0,v_0)=$

0,且偏导数所组成的行列式称为雅可比行列式

$$J = \frac{\partial(F,G)}{\partial(u,v)} = \begin{vmatrix} \dfrac{\partial F}{\partial u} & \dfrac{\partial F}{\partial v} \\ \dfrac{\partial G}{\partial u} & \dfrac{\partial G}{\partial v} \end{vmatrix}.$$

若在点 (x_0,y_0,u_0,v_0) 处不等于零,则方程组 $\begin{cases} F(x,y,u,v)=0 \\ G(x,y,u,v)=0 \end{cases}$ 在点 (x_0,y_0,u_0,v_0) 的某邻域内能唯一确定一组具有连续偏导数的函数 $u=u(x,y),v=v(x,y)$,且

$$\frac{\partial u}{\partial x} = -\frac{1}{J}\frac{\partial(F,G)}{\partial(x,v)}, \quad \frac{\partial v}{\partial x} = -\frac{1}{J}\frac{\partial(F,G)}{\partial(u,x)},$$

$$\frac{\partial u}{\partial y} = -\frac{1}{J}\frac{\partial(F,G)}{\partial(y,v)}, \quad \frac{\partial v}{\partial y} = -\frac{1}{J}\frac{\partial(F,G)}{\partial(u,y)}.$$

例 6.31　求由方程组 $\begin{cases} z=x^2+y^2 \\ x^2+2y^2+3z^2=20 \end{cases}$ 所确定函数的导数 $\dfrac{\mathrm{d}y}{\mathrm{d}x}$ 和 $\dfrac{\mathrm{d}z}{\mathrm{d}x}$.

解　由方程组 $\begin{cases} z=x^2+y^2 \\ x^2+2y^2+3z^2=20 \end{cases}$ 对 x 求导得

$$\begin{cases} 2y\dfrac{\mathrm{d}y}{\mathrm{d}x} - \dfrac{\mathrm{d}z}{\mathrm{d}x} = -2x, \\ 2y\dfrac{\mathrm{d}y}{\mathrm{d}x} + 3z\dfrac{\mathrm{d}z}{\mathrm{d}x} = -x. \end{cases}$$

求解得 $\dfrac{\mathrm{d}y}{\mathrm{d}x} = \dfrac{-6xz-x}{6yz+2y}, \dfrac{\mathrm{d}z}{\mathrm{d}x} = \dfrac{x}{3z+1}.$

例 6.32　设 $\begin{cases} u=f(ux,v+y), \\ v=g(u-x,v^2y), \end{cases}$ 其中 f,g 具有一阶连续偏导数,求 $\dfrac{\partial u}{\partial x},\dfrac{\partial v}{\partial x}$.

解　此方程组可以确定两个隐函数 $u=u(x,y),v=v(x,y)$,对方程组两边求偏导数得

$$\frac{\partial u}{\partial x} = f_1\left(u + x\frac{\partial u}{\partial x}\right) + f_2\frac{\partial v}{\partial x},$$

$$\frac{\partial v}{\partial x} = g_1\left(\frac{\partial u}{\partial x} - 1\right) + 2g_2 yv\frac{\partial v}{\partial x},$$

求解得 $\dfrac{\partial u}{\partial x} = \dfrac{-uf_1(2yvg_2-1)-f_2g_1}{(xf_1-1)(2yvg_2-1)-f_2g_1}, \dfrac{\partial v}{\partial x} = \dfrac{g_1(xf_1+uf_1-1)}{(xf_1-1)(2yvg_2-1)-f_2g_1}.$

三、多元函数微分的几何应用

1. 空间曲线的切线与法平面

设空间曲线 L 的参数方程为

$$x = x(t), \quad y = y(t), \quad z = z(t),$$

其中 $x = x'(t), y = y'(t), z = z'(t)$ 存在且不同时为零.

曲线 L 在点 P_0 处的切线方程为

$$\frac{x - x_0}{x'(t_0)} = \frac{y - y_0}{y'(t_0)} = \frac{z - z_0}{z'(t_0)},$$

这里要求 $x'(t_0), y'(t_0), z'(t_0)$ 不全为零.

曲线 L 在 P_0 点的切向量为 $\boldsymbol{\tau} = \{x'(t_0), y'(t_0), z'(t_0)\}$.

通过点 P_0 且与切线垂直的平面称为曲线 L 在点 P_0 处的法平面. 法平面的方程为

$$x'(t_0)(x - x_0) + y'(t_0)(y - y_0) + z'(t_0)(z - z_0) = 0.$$

例 6.33　求曲线 $x = t - \sin t, y = 1 - \cos t, z = 4\sin \dfrac{t}{2}$, 在点 $\left(\dfrac{\pi}{2} - 1, 1, 2\sqrt{2}\right)$ 处的切线方程及法平面方程.

解　因为 $x'(t) = 1 - \cos t, y'(t) = \sin t, z'(t) = 2\cos \dfrac{t}{2}$, 而点 $\left(\dfrac{\pi}{2} - 1, 1, 2\sqrt{2}\right)$ 对应的参数为 $t = \dfrac{\pi}{2}$, 又因为

$$x'(t)\big|_{t=\frac{\pi}{2}} = 1, \quad y'(t)\big|_{t=\frac{\pi}{2}} = 1, \quad z'(t)\big|_{t=\frac{\pi}{2}} = \sqrt{2},$$

所以曲线在点 $\left(\dfrac{\pi}{2} - 1, 1, 2\sqrt{2}\right)$ 处的切线方程为

$$\frac{x + 1 - \dfrac{\pi}{2}}{1} = \frac{y - 1}{1} = \frac{z - 2\sqrt{2}}{\sqrt{2}},$$

法平面方程为 $\left(x - \dfrac{\pi}{2} + 1\right) + (y - 1) + \sqrt{2}(z - 2\sqrt{2}) = 0$, 即

$$x + y + \sqrt{2}z = \frac{\pi}{2} + 4.$$

如果空间曲线 L 的方程为 $y = y(x), z = z(x)$, 则曲线 L 在点 $P_0(x_0, y_0, z_0)$ 处的切线方程为

$$\frac{x - x_0}{1} = \frac{y - y_0}{y'(x_0)} = \frac{z - z_0}{z'(x_0)},$$

式中, $y_0 = y(x_0); z_0 = z(x_0)$. 曲线 L 在点 $P_0(x_0, y_0, z_0)$ 处的法平面方程为

$$x - x_0 + y'(x_0)(y - y_0) + z'(x_0)(z - z_0) = 0.$$

例 6.34　求曲线 $y = x^2 + 1, z = 6x^3 - 2x$ 在点 $M(1, 0, 1)$ 处的切线及法平面方程.

解　由于 $y'(x) = 2x, z'(x) = 18x^2 - 2$,于是切向量为
$$\boldsymbol{\tau} = (1, y'(x), z'(x))\big|_{x=1} = (1, 2, 16),$$
切线方程为
$$\frac{x-1}{1} = \frac{y}{2} = \frac{z-1}{16},$$
法平面方程为
$$(x-1) + 2y + 16(z-1) = 0,$$
即
$$x + 2y + 16z = 17.$$

2. 曲面的切平面与法线

定义 6.20　曲面 Ω 上过点 P_0 的所有曲线在点 P_0 处的切线所在的平面称为曲面 Ω 在点 P_0 处的切平面.

设曲面 Ω 的方程为 $F(x,y,z) = 0, P_0(x_0, y_0, z_0)$ 是曲面 Ω 上任一点,函数 $F(x,y,z)$ 在点 $P_0(x_0, y_0, z_0)$ 处具有一阶连续偏导数,且 $F_x(x_0, y_0, z_0), F_y(x_0, y_0, z_0), F_z(x_0, y_0, z_0)$ 不同时为零,则切平面方程为
$$F_x(x_0, y_0, z_0)(x - x_0) + F_y(x_0, y_0, z_0)(y - y_0) + F_z(x_0, y_0, z_0)(z - z_0) = 0.$$

定义 6.21　过点 P_0 且与切平面垂直的直线称为曲面在该点的法线.

法线方程为
$$\frac{x - x_0}{F_x(x_0, y_0, z_0)} = \frac{y - y_0}{F_y(x_0, y_0, z_0)} = \frac{z - z_0}{F_z(x_0, y_0, z_0)}.$$

如果曲面 Ω 的方程为 $z = f(x,y)$,则令
$$F(x,y,z) = f(x,y) - z,$$
当函数 $f(x,y)$ 的偏导数 $f_x(x,y), f_y(x,y)$ 在点 (x_0, y_0) 处连续时,则曲面 Ω 在点 $P_0(x_0, y_0, z_0)$ 的切平面方程为
$$z - z_0 = f_x(x_0, y_0)(x - x_0) + f_y(x_0, y_0)(y - y_0),$$
法线方程为
$$\frac{x - x_0}{f_x(x_0, y_0)} = \frac{y - y_0}{f_y(x_0, y_0)} = \frac{z - z_0}{-1}.$$

例 6.35　求曲面 $e^z - z + xy = 3$ 在点 $(2,1,0)$ 处的切平面方程与法线方程.

解　设 $F(x,y,z) = e^z - z + xy - 3$,则 $F_x = y, F_y = x, F_z = e^z - 1$,于是
$$F_x(2,1,0) = 1, \quad F_y(2,1,0) = 2, \quad F_z(2,1,0) = 0,$$
因此切平面方程为
$$(x-2) + 2(y-1) + 0(z-0) = 0,$$
即

$$x + 2y - 4 = 0,$$

法线方程为

$$\begin{cases} \dfrac{x-2}{1} = \dfrac{y-1}{2}, \\ z = 0. \end{cases}$$

例 6.36 求曲面 $ax^2 + by^2 + cz^2 = 1$ 在点 $P_0(x_0, y_0, z_0)$ 处的切平面方程与法线方程.

解 令 $F(x, y, z) = ax^2 + by^2 + cz^2 - 1$，则

$$F_x = 2ax, \quad F_y = 2by, \quad F_z = 2cz,$$

在点 $P_0(x_0, y_0, z_0)$ 处的法向量为 $(2ax_0, 2by_0, 2cz_0)$，

因此切平面方程为

$$2ax_0(x - x_0) + 2by_0(y - y_0) + 2cz_0(z - z_0) = 0,$$

即

$$ax_0 x + by_0 y + cz_0 z = 1,$$

法线方程为 $\dfrac{x - x_0}{ax_0} = \dfrac{y - y_0}{by_0} = \dfrac{z - z_0}{cz_0}$.

四、多元函数的极值与最值

1. 多元函数的极值

定义 6.22 设函数 $z = f(x, y)$ 在点 $P_0(x_0, y_0)$ 的某邻域内有定义，如果对于该邻域内异于 P_0 的一切点 $P(x, y)$，都有

$$f(x, y) < f(x_0, y_0),$$

则称函数 $f(x, y)$ 在点 P_0 处有极大值 $f(x_0, y_0)$；如果对于该邻域内异于 P_0 的一切点 $P(x, y)$，都有

$$f(x, y) > f(x_0, y_0),$$

则称函数 $f(x, y)$ 在点 P_0 处有极小值 $f(x_0, y_0)$.

极大值、极小值统称为极值，使函数取得极值的点称为极值点.

注 6.7 极值点只限于定义域的内点.

定理 6.11(必要条件) 设函数 $z = f(x, y)$ 在点 $P_0(x_0, y_0)$ 处具有偏导数，且在点 $P_0(x_0, y_0)$ 处取得极值，则

$$f_x(x_0, y_0) = 0, \quad f_y(x_0, y_0) = 0.$$

凡使得 $\begin{cases} f_x(x, y) = 0 \\ f_y(x, y) = 0 \end{cases}$ 成立的点 (x_0, y_0) 都称为函数 $f(x, y)$ 的驻点或稳定点.

注 6.8　偏导数存在的极值点必定是驻点;但反过来,驻点未必是极值点. 如函数 $z = x^2 - y^2$,由于 $\dfrac{\partial z}{\partial x} = 2x$,$\dfrac{\partial z}{\partial y} = -2y$,故点 $(0,0)$ 为其驻点,但这一点却不是函数的极值点.

定理 6.12(充分条件)　设函数 $z = f(x,y)$ 在点 $P_0(x_0,y_0)$ 的某邻域内具有二阶连续偏导数,且 $f_x(x_0,y_0) = 0$,$f_y(x_0,y_0) = 0$.

令

$$A = f_{xx}(x_0,y_0), \quad B = f_{xy}(x_0,y_0), \quad C = f_{yy}(x_0,y_0),$$

$$\Delta = \begin{vmatrix} A & B \\ B & C \end{vmatrix} = AC - B^2$$

则:

(1)当 $\Delta > 0$ 时,函数 $z = f(x,y)$ 在点 $P_0(x_0,y_0)$ 处有极值,且当 $A < 0$ 时有极大值,当 $A > 0$ 时有极小值;

(2)当 $\Delta < 0$ 时,函数 $z = f(x,y)$ 在点 $P_0(x_0,y_0)$ 处没有极值;

(3)当 $\Delta = 0$ 时,函数 $z = f(x,y)$ 在点 $P_0(x_0,y_0)$ 处可能有极值,也可能没有极值.

例 6.37　求函数 $f(x,y) = (6x - x^2)(4y - y^2)$ 的极值.

解　定义域为 R^2,且函数处处可导,由

$$\begin{cases} f_x(x,y) = (6 - 2x)(4y - y^2) = 0, \\ f_y(x,y) = (6x - x^2)(4 - 2y) = 0, \end{cases}$$

得 $x = 3$,$y = 0$,$y = 4$ 和 $x = 0$,$x = 6$,$y = 2$,于是得驻点 $(0,0)$,$(0,4)$,$(3,2)$,$(6,0)$,$(6,4)$.

再求二阶偏导数

$$A = f_{xx}(x,y) = -2(4y - y^2), \quad B = f_{xy}(x,y) = 4(3 - x)(2 - y),$$
$$C = f_{yy}(x,y) = -2(6x - x^2).$$

对于点 $(0,0)$,$A = 0$,$B = 24$,$C = 0$,$AC - B^2 = -24^2 < 0$,所以 $(0,0)$ 不是极值点.

对于点 $(0,4)$,$A = 0$,$B = -24$,$C = 0$,$AC - B^2 = -24^2 < 0$,所以 $(0,4)$ 不是极值点.

对于点 $(3,2)$,$A = -8$,$B = 0$,$C = -18$,$AC - B^2 = 8 \times 18 > 0$,所以 $(3,2)$ 是极大值点,极大值为 $f(3,2) = 36$.

对于点 $(6,0)$,$A = 0$,$B = -24$,$C = 0$,$AC - B^2 = -24^2 < 0$,所以 $(6,0)$ 不是极值点.

对于点 $(6,4)$,$A = 0$,$B = -24$,$C = 0$,$AC - B^2 = -24^2 < 0$,所以 $(6,4)$ 不是

极值点.

2. 最值

求二元函数 $z = f(x,y)$ 在平面区域 D 上的最大值与最小值的步骤如下：

（1）求出函数 $z = f(x,y)$ 在 D 内的所有驻点及偏导数不存在的点，并计算这些点处的函数值；

（2）求出函数 $z = f(x,y)$ 在 D 的边界上的最大值与最小值；

（3）将上述函数值与边界上的最大值与最小值进行比较，最大者即为最大值，最小者即为最小值.

注 6.9 对于实际问题，若函数在 D 内有唯一的驻点，根据问题的实际意义知其最大值或最小值存在且在 D 内取得，则该驻点处的函数值就是所求的最大值或最小值.

例 6.38 在平面 xOy 上求一点，使它到 $x = 0$，$y = 0$ 及 $x + 2y - 16 = 0$ 三条直线的距离平方和最小.

解 设所求的点为 (x,y)，则此点到 $x = 0$ 的距离为 $|y|$，到 $y = 0$ 的距离为 $|x|$，到 $x + 2y - 16 = 0$ 的距离为 $\dfrac{|x + 2y - 16|}{\sqrt{1 + 2^2}}$，而距离平方之和为

$$d = x^2 + y^2 + \frac{(x + 2y - 16)^2}{5}.$$

由

$$\begin{cases} d_x = 2x + \dfrac{2}{5}(x + 2y - 16) = 0, \\ d_y = 2y + \dfrac{4}{5}(x + 2y - 16) = 0, \end{cases}$$

即

$$\begin{cases} 3x + y - 8 = 0, \\ 2x + 9y - 32 = 0, \end{cases}$$

得 $x = \dfrac{8}{5}$，$y = \dfrac{16}{5}$，

由问题的实际意义知，到三条直线距离平方和最小值一定存在，故所求点为 $\left(\dfrac{8}{5}, \dfrac{16}{5} \right)$.

3. 条件极值

求目标函数在自变量满足一定附加条件下的极值问题称为条件极值问题. 条件极值问题通常用拉格朗日乘数法来解决.

求函数 $z = f(x,y)$ 在条件 $\varphi(x,y) = 0$ 下的极值，具体做法如下：

（1）构造拉格朗日函数
$$L(x,y,\lambda) = f(x,y) + \lambda\varphi(x,y);$$
（2）将 $L(x,y,\lambda)$ 分别对 x,y,λ 求一阶偏导数，得方程组
$$\begin{cases} L_x(x,y,\lambda) = f_x(x,y) + \lambda\varphi_x(x,y) = 0, \\ L_y(x,y,\lambda) = f_y(x,y) + \lambda\varphi_y(x,y) = 0, \\ L_\lambda(x,y,\lambda) = \varphi(x,y) = 0; \end{cases}$$
（3）求出方程组的解 (x,y,λ)，其中 (x,y) 就是函数 $f(x,y)$ 在条件 $\varphi(x,y) = 0$ 下的极值点.

上述方法可以推广到自变量多于两个或附加条件多于一个的情形.

例 6.39 求椭球面 $\dfrac{x^2}{a^2} + \dfrac{y^2}{b^2} + \dfrac{z^2}{c^2} = 1$ 的内接长方体，使长方体的体积最大.

解 设长方体与椭球面在第一卦限的内接点坐标为 (x,y,z)，则内接长方体的体积为 $V = 8xyz$，故所求问题相当于求函数 $f(x,y,z) = 8xyz$ 在条件 $\dfrac{x^2}{a^2} + \dfrac{y^2}{b^2} + \dfrac{z^2}{c^2} = 1$ 下的最大值. 令 $L(x,y,z,\lambda) = 8xyz + \lambda\left(\dfrac{x^2}{a^2} + \dfrac{y^2}{b^2} + \dfrac{z^2}{c^2} - 1\right), 0 < x < a, 0 < y < b, 0 < z < c$，得方程组

$$\begin{cases} L'_x = 8yz + \lambda\dfrac{2x}{a^2} = 0, \\[2mm] L'_y = 8xz + \lambda\dfrac{2y}{b^2} = 0, \\[2mm] L'_z = 8xy + \lambda\dfrac{2z}{c^2} = 0, \\[2mm] \dfrac{x^2}{a^2} + \dfrac{y^2}{b^2} + \dfrac{z^2}{c^2} - 1 = 0, \end{cases}$$

解得 $x_0 = \dfrac{\sqrt{3}}{3}a, y_0 = \dfrac{\sqrt{3}}{3}b, z_0 = \dfrac{\sqrt{3}}{3}c$.

由问题的实际意义知，体积最大的内接长方体一定存在，而驻点又唯一，所以 $\left(\dfrac{\sqrt{3}}{3}a, \dfrac{\sqrt{3}}{3}b, \dfrac{\sqrt{3}}{3}c\right)$ 就是所求的最大值点，故最大体积为 $V = \dfrac{8\sqrt{3}}{9}abc$.

例 6.40 要造一个容积等于常数的长方体无盖水池，应如何选择水池的长、宽、高使水池的表面积最小？

解 设水池的长、宽、高分别为 x、y、z，则水池的表面积为
$$A = xy + 2xz + 2yz, \quad x > 0, y > 0, z > 0,$$
本题是在附加条件 $xyz = k$ 下求 A 的最大值.

令 $L(x,y,z,\lambda) = xy + 2xz + 2yz + \lambda(abc - k)$, 由

$$\begin{cases} L_x = y + 2z + \lambda yz = 0, \\ L_y = x + 2z + \lambda xz = 0, \\ L_z = 2x + 2y + \lambda xy = 0, \\ L_\lambda = xyz - k = 0, \end{cases}$$

得驻点

$$x = y = \sqrt[3]{2k}, \quad c = \frac{1}{2}\sqrt[3]{2k}, \quad \lambda = -\sqrt[3]{\frac{32}{k}},$$

根据问题的实际意义知,在容积等于定数时水池的表面积一定存在最小值,且所求的唯一驻点就是所要求的最小值点,即当长和宽都为 $\sqrt[3]{2k}$,高为 $\frac{1}{2}\sqrt[3]{2k}$ 时水池存在表面积最小值.

第二节　多元函数的积分学

一、二重积分的概念与性质

例 6.41(曲顶柱体的体积)　设在空间 $Oxyz$ 中有一立体 Ω ,其底是平面 xOy 上的有界闭区域 D ,顶是连续曲面 $z = f(x,y)$ (其中 $f(x,y) \geq 0$),侧面是以 D 的边界为准线、母线平行于 z 轴的柱面,称 Ω 为曲顶柱体. 求曲顶柱体的体积.

对于曲顶柱体,当点 (x,y) 在闭区域 D 上变动时,高 $f(x,y)$ 是一个变量,因此不能直接计算其体积. 不妨用前面曲边梯形的方法求曲顶柱体的体积.

将闭区域 D 任意分割成 n 个小区域 $\Delta D_i, i = 1,2,\cdots,n$,且以 $\Delta\sigma_i$ 表示第 i 个小区域的面积. 分别以 $\Delta D_i, i = 1,2,\cdots,n$ 的边界为准线,作母线平行于 z 轴的柱面,得 n 个小曲顶柱体,在 ΔD_i 中任取一点,以 $f(\xi_i,\eta_i)$ 近似代替该小曲顶柱体的高,则其体积近似于 $\Delta V_i \approx f(\xi_i,\eta_i)\Delta\sigma_i$. 将 n 个小曲顶柱体的体积相加,可得到整个曲顶柱体体积 V 的近似值,即 $V = \sum\limits_{i=1}^{n} \Delta V_i = \sum\limits_{i=1}^{n} f(\xi_i,\eta_i)\Delta\sigma_i$. 当分割越来越细,即 $n \to \infty$ 时, n 个 $\Delta D_i, i = 1,2,\cdots,n$ 的直径中最大值趋于零时,式 $\sum\limits_{i=1}^{n} f(\xi_i,\eta_i)\Delta\sigma_i$ 的极限就是所求曲顶柱体的体积,即 $V = \lim\limits_{\lambda \to 0}\sum\limits_{i=1}^{n} f(\xi_i,\eta_i)\Delta\sigma_i$.

定义 6.23(二重积分)　设 $f(x,y)$ 是定义在有界闭区域 D 上的有界函数,

如果把 D 任意分割成 n 个小区域 $\Delta D_1, \Delta D_2, \cdots, \Delta D_n$，在小区域 $\Delta D_i, i = 1,$ $2, \cdots, n$ 上任意取一点，若极限 $\lim\limits_{\lambda \to 0} \sum\limits_{i=1}^{n} f(\xi_i, \eta_i) \Delta \sigma_i$ 总存在(其中 $\Delta \sigma_i$ 为小区域 ΔD_i 的面积，λ_i 为小区域 ΔD_i 的直径，而 $\lambda = \max\limits_{1 \leqslant i \leqslant n} \lambda_i$)，且与 D 的分割方式无关，与在 ΔD_i 上的选取无关，则称这个极限值为 $f(x, y)$ 在区域 D 上的二重积分，记为 $\iint\limits_{D} f(x, y) \mathrm{d}\sigma$，称 $f(x, y)$ 在 D 上可积. 其中 $f(x, y)$ 为被积函数；D 为积分区域；$\mathrm{d}\sigma$ 为面积元素；$f(x, y)\mathrm{d}\sigma$ 为被积表达式；x, y 为积分变量.

在直角坐标系下，面积元素 $\mathrm{d}\sigma$ 表示成 $\mathrm{d}x\mathrm{d}y$，二重积分表示成 $\iint\limits_{D} f(x, y) \mathrm{d}x\mathrm{d}y$.

定理 6.13(几何意义)　当 $f(x, y)$ 是有界闭区域 D 上的连续函数，且 $f(x, y) \geqslant 0$，则二重积分 $\iint\limits_{D} f(x, y) \mathrm{d}\sigma$ 表示以曲面 $z = f(x, y)$ 为顶，侧面以 D 的边界曲线为准线，母线平行于 z 轴的曲顶柱体的体积. 若 $f(x, y) < 0$，则 $-\iint\limits_{D} f(x, y) \mathrm{d}\sigma$ 表示曲顶柱体的体积. 当 $f(x, y)$ 在 D 上部分区域为正、其他区域上为负时，二重积分表示曲顶柱体体积的代数和.

当 $f(x, y) \equiv 1$ 时，$\iint\limits_{D} \mathrm{d}\sigma$ 是闭区域 D 的面积.

例 6.42　设有一平面薄板(不计其厚度)，薄板上分布有密度为 $\mu = \mu(x, y)$ 的电荷，薄板在坐标面上的投影区域为 D，$\mu(x, y)$ 在 D 上连续，试用二重积分表示该薄板的总电荷 Q.

解　薄板上的总电荷应等于电荷的面密度函数 $\mu(x, y)$ 在 D 上的二重积分

$$Q = \iint\limits_{D} \mu(x, y) \mathrm{d}\sigma.$$

例 6.43　用定义计算二重积分 $\iint\limits_{D} xy \mathrm{d}x\mathrm{d}y$，其中 $D = [0, 1] \times [0, 1]$.

解　将 D 分成 n^2 个小正方形

$$\Delta D_{ij} = \left\{ (x, y) \mid \frac{i-1}{n} \leqslant x \leqslant \frac{i}{n}, \frac{j-1}{n} \leqslant y \leqslant \frac{j}{n} \right\}, \quad i, j = 1, 2, \cdots, n,$$

取 $\xi_i = \dfrac{i}{n}, \eta_j = \dfrac{j}{n}$，则

$$\iint\limits_{D} xy \mathrm{d}x\mathrm{d}y = \lim_{n \to \infty} \sum_{i,j=1}^{n} \xi_i \eta_j \Delta \sigma_{ij} = \lim_{n \to \infty} \frac{1}{n^4} \sum_{i,j=1}^{n} ij = \lim_{n \to \infty} \frac{1}{n^4} \frac{1}{4} n^2 (n+1)^2 = \frac{1}{4}.$$

例 6. 44 用二重积分的几何意义计算二重积分 $\iint\limits_{D} \sqrt{1 - x^2 - y^2}\, d\sigma$ 的值，其中 $D: x^2 + y^2 \leq 1$.

解 因为被积函数 $z = \sqrt{1 - x^2 - y^2} \geq 0$，所以该二重积分表示以球面 $z = \sqrt{1 - x^2 - y^2}$ 为顶，区域 $D: x^2 + y^2 \leq 1$ 为底的曲顶柱体(上半球体)的体积，于是

$$\iint\limits_{D} \sqrt{1 - x^2 - y^2}\, d\sigma = \frac{1}{2} \times \frac{4\pi \cdot 1^3}{3} = \frac{2}{3}\pi.$$

定理 6. 14(二重积分的性质)

① $\iint\limits_{D} kf(x,y)\, d\sigma = k\iint\limits_{D} f(x,y)\, d\sigma\,(k$ 为常数$)$.

② $\iint\limits_{D} [f(x,y) \pm g(x,y)]\, d\sigma = \iint\limits_{D} f(x,y)\, d\sigma \pm \iint\limits_{D} g(x,y)\, d\sigma$.

③ $\iint\limits_{D} f(x,y)\, d\sigma = \iint\limits_{D_1} f(x,y)\, d\sigma + \iint\limits_{D_2} f(x,y)\, d\sigma$，其中 $D = D_1 \cup D_2$，除公共边界外，D_1 与 D_2 不重叠.

④ 若 $f(x,y) \leq g(x,y)$，$(x,y) \in D$，则 $\iint\limits_{D} f(x,y)\, d\sigma \leq \iint\limits_{D} g(x,y)\, d\sigma$.

⑤ 若 $m \leq f(x,y) \leq M$，$(x,y) \in D$，则 $mS \leq \iint\limits_{D} f(x,y)\, d\sigma \leq MS$，其中 S 为区域 D 的面积.

⑥ $\left| \iint\limits_{D} f(x,y)\, d\sigma \right| \leq \iint\limits_{D} |f(x,y)|\, d\sigma$.

⑦(积分中值定理) 设 $f(x,y)$ 在有界闭区域 D 上连续，S 为 D 的面积，则存在 $(\xi,\eta) \in D$，使得 $\iint\limits_{D} f(x,y)\, d\sigma = f(\xi,\eta)S$.

把 $\dfrac{\iint\limits_{D} f(x,y)\, d\sigma}{S}$ 称为 $f(x,y)$ 在 D 上的积分平均值.

例 6. 45 比较二重积分 $\iint\limits_{D} \ln(x + y)\, d\sigma$ 与 $\iint\limits_{D} [\ln(x + y)]^2\, d\sigma$ 的大小，其中 D 为闭矩形 $[3,5] \times [0,1]$.

解 因为在 D 上 $x + y \geq 3$ 成立，所以 $\ln(x + y) < [\ln(x + y)]^2$，于是

$$\iint\limits_{D} \ln(x + y)\, d\sigma < \iint\limits_{D} [\ln(x + y)]^2\, d\sigma,$$

所以后者大.

例 6.46　估计二重积分的值 $\iint\limits_{D} xy(x+y)\mathrm{d}\sigma$,其中 D 为闭矩形 $[0,1]\times[0,1]$.

解　因为在 D 上 $0\leqslant xy(x+y)\leqslant 2$ 成立,所以 $0\leqslant\iint\limits_{D} xy(x+y)\mathrm{d}\sigma\leqslant 2$.

二、二重积分的计算

1. 直角坐标系下二重积分的计算

定义 6.24(X 型区域)　若 D 可表示为 $D=\{(x,y)\mid y_1(x)\leqslant y\leqslant y_2(x),a\leqslant x\leqslant b\}$,则称 D 为 X 型区域. 它的特点是穿过 D 内部平行于 y 轴的直线与 D 的边界的交点不多于两个.

此时二重积分化为累次积分的公式为

$$\iint\limits_{D} f(x,y)\mathrm{d}\sigma=\int_a^b\left[\int_{y_1(x)}^{y_2(x)} f(x,y)\mathrm{d}y\right]\mathrm{d}x,$$

或写为

$$\iint\limits_{D} f(x,y)\mathrm{d}\sigma=\int_a^b\mathrm{d}x\int_{y_1(x)}^{y_2(x)} f(x,y)\mathrm{d}y.$$

定义 6.25(Y 型区域)　若积分区域 D 可以表示为 $D=\{(x,y)\mid x_1(y)\leqslant x\leqslant x_2(y),a\leqslant y\leqslant b\}$,称 D 为 Y 型区域. 它的特点是穿过 D 内部平行于 x 轴的直线与 D 的边界的交点不多于两个.

此时二重积分化为累次积分的公式为

$$\iint\limits_{D} f(x,y)\mathrm{d}\sigma=\int_c^d\mathrm{d}y\int_{x_1(y)}^{x_2(y)} f(x,y)\mathrm{d}x.$$

二重积分化为累次积分计算时,首先画出积分区域 D 的草图并判断积分区域 D 的类型,然后根据所判断的积分区域的类型化成合适的累次积分.

例 6.47　计算 $\iint\limits_{D}\left(1-\dfrac{x}{3}-\dfrac{y}{4}\right)\mathrm{d}x\mathrm{d}y$, 其中区域

$$D=\{(x,y)\mid -1\leqslant x\leqslant 1,-2\leqslant y\leqslant 2\}.$$

解
$$\begin{aligned}
\iint\limits_{D}\left(1-\frac{x}{3}-\frac{y}{4}\right)\mathrm{d}x\mathrm{d}y &=\int_{-1}^{1}\mathrm{d}x\int_{-2}^{2}\left(1-\frac{x}{3}-\frac{y}{4}\right)\mathrm{d}y\\
&=\int_{-1}^{1}\left(y-\frac{x}{3}y-\frac{y^2}{8}\right)\Big|_{-2}^{2}\mathrm{d}x\\
&=\int_{-1}^{1}\left(4-\frac{4x}{3}\right)\mathrm{d}x=8.
\end{aligned}$$

例 6.48　计算二重积分 $\iint\limits_{D}(x^2+y^2)\mathrm{d}x\mathrm{d}y$, 其中区域 D 由直线 $y=x,y=$

$x + a, y = a$ 及 $y = 3a, a > 0$ 所围成的区域.

解

$$\iint\limits_{D}(x^2 + y^2)\,dxdy = \int_a^{3a}dy\int_{y-a}^{y}(x^2 + y^2)\,dx$$

$$= \int_a^{3a}(2ay^2 - a^2y + \frac{1}{3}a^3)\,dy$$

$$= 14a^4.$$

例 6.49 计算 $I = \iint\limits_{D}\sqrt{|y - x^2|}\,dxdy$，其中

$$D = \{(x,y) \mid 0 \leqslant y \leqslant 2, -1 \leqslant x \leqslant 1\}.$$

解 用抛物线 $y = x^2$ 将 D 分为 $D_1 + D_2$，则

$$I = \iint\limits_{D}\sqrt{|y - x^2|}\,dxdy = \iint\limits_{D_1}\sqrt{y - x^2}\,dxdy + \iint\limits_{D_2}\sqrt{x^2 - y}\,dxdy$$

$$= \int_{-1}^{1}dx\int_{x^2}^{2}\sqrt{y - x^2}\,dy + \int_{-1}^{1}dx\int_{0}^{x^2}\sqrt{x^2 - y}\,dy$$

$$= \int_{-1}^{1}\frac{2}{3}(2 - x^2)^{\frac{3}{2}}\,dx + \int_{-1}^{1}\frac{2}{3}(x^2)^{\frac{3}{2}}\,dx$$

$$= \frac{\pi}{2} + \frac{5}{3}$$

例 6.50 改变积分 $\int_0^1 dy\int_0^y f(x,y)\,dx$ 的顺序.

解 积分区域 $D = \{(x,y) \mid 0 \leqslant x \leqslant y, 0 \leqslant y \leqslant 1\}$ 也可表示为

$$\{(x,y) \mid x \leqslant y \leqslant 1, 0 \leqslant x \leqslant 1\},$$

所以 $\int_0^1 dy\int_0^y f(x,y)\,dx = \int_0^1 dx\int_x^1 f(x,y)\,dy.$

例 6.51 改变积分的顺序 $\int_1^2 dx\int_{2-x}^{\sqrt{2x-x^2}} f(x,y)\,dy.$

解 积分区域 $D = \{(x,y) \mid 2 - x \leqslant y \leqslant \sqrt{2x - x^2}, 1 \leqslant x \leqslant 2\}$ 也可表示为

$$\{(x,y) \mid 2 - y \leqslant x \leqslant 1 + \sqrt{1 + y^2}, 0 \leqslant y \leqslant 1\},$$

所以 $\int_1^2 dx\int_{2-x}^{\sqrt{2x-x^2}} f(x,y)\,dy = \int_0^1 dy\int_{2-y}^{1+\sqrt{1+y^2}} f(x,y)\,dx.$

2. 极坐标系下的二重积分计算

在二重积分的计算中，当积分区域与圆有关或被积函数中出现了 $x^2 + y^2$ 时，用极坐标形式计算会比较简单.

由直角坐标和极坐标的关系 $\begin{cases} x = \rho\cos\theta, \\ y = \rho\sin\theta, \end{cases} 0 \leqslant \theta \leqslant 2\pi$ 得出二重积分的极坐标形式

$$\iint\limits_{D} f(x,y)\,\mathrm{d}\sigma = \iint\limits_{D} f(\rho\cos\theta,\rho\sin\theta)\rho\,\mathrm{d}\rho\,\mathrm{d}\theta.$$

下面把极坐标形式化为累次积分.

(1)极点 O 在区域 D 的外部(图 6-1).

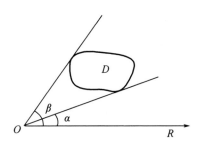

图 6-1

积分区域 D 表示为 $D:\begin{cases} \alpha\leqslant\theta\leqslant\beta, \\ \rho_1(\theta)\leqslant\rho\leqslant\rho_2(\theta), \end{cases}$ 则

$$\iint\limits_{D} f(x,y)\,\mathrm{d}\sigma = \int_{\alpha}^{\beta}\mathrm{d}\theta\int_{\rho_1(\theta)}^{\rho_2(\theta)} f(\rho\cos\theta,\rho\sin\theta)\rho\,\mathrm{d}\rho.$$

(2)极点 O 在区域 D 的边界上(图 6-2).

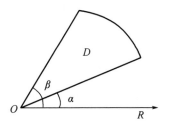

图 6-2

积分区域可表示为 $D:\begin{cases} \alpha\leqslant\theta\leqslant\beta, \\ 0\leqslant\rho\leqslant\rho(\theta), \end{cases}$ 则

$$\iint\limits_{D} f(x,y)\,\mathrm{d}\sigma = \int_{\alpha}^{\beta}\mathrm{d}\theta\int_{0}^{\rho(\theta)} f(\rho\cos\theta,\rho\sin\theta)\rho\,\mathrm{d}\rho.$$

(3)极点 O 在区域 D 的内部(图 6-3).

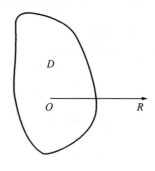

图 6-3

积分区域可表示为 $D:\begin{cases}0\leqslant\theta\leqslant 2\pi,\\ 0\leqslant\rho\leqslant\rho(\theta),\end{cases}$ 则

$$\iint\limits_{D}f(x,y)\mathrm{d}\sigma = \int_0^{2\pi}\mathrm{d}\theta\int_0^{\rho(\theta)}f(\rho\cos\theta,\rho\sin\theta)\rho\mathrm{d}\rho.$$

例 6.52 计算二重积分 $\iint\limits_{D}(x^2+y^2)\mathrm{d}x\mathrm{d}y$, 其中积分区域 D 是由 $x^2+y^2=1, y=x$ 及 x 轴围成的第一象限内的平面图形.

解 在极坐标系中, $x^2+y^2=1$ 化为 $r=1$; $y=x$ 化为 $\theta=\dfrac{\pi}{4}$; 在 x 轴上 $y=0$, 化为 $\theta=0$. 因此积分区域 D 可以表示为 $\left\{(r,\theta)\mid 0\leqslant\theta\leqslant\dfrac{\pi}{4}, 0\leqslant r\leqslant 1\right\}$.

所以 $\iint\limits_{D}(x^2+y^2)\mathrm{d}x\mathrm{d}y = \int_0^{\frac{\pi}{4}}\mathrm{d}\theta\int_0^1 r^2\cdot r\mathrm{d}r = \int_0^{\frac{\pi}{4}}\dfrac{1}{4}r^4\Big|_0^1\mathrm{d}\theta = \dfrac{1}{4}\int_0^{\frac{\pi}{4}}\mathrm{d}\theta = \dfrac{\pi}{16}.$

例 6.53 计算二重积分 $\iint\limits_{D}(x+y)\mathrm{d}x\mathrm{d}y$, 其中 D 是圆周 $x^2+y^2=x$ 围成的区域.

解
$$\iint\limits_{D}(x+y)\mathrm{d}x\mathrm{d}y = \int_{-\frac{\pi}{4}}^{\frac{3\pi}{4}}(\sin\theta+\cos\theta)\mathrm{d}\theta\int_0^{\sin\theta+\cos\theta}r^2\mathrm{d}r$$

$$= \dfrac{1}{3}\int_{-\frac{\pi}{4}}^{\frac{3\pi}{4}}(\sin\theta+\cos\theta)^4\mathrm{d}\theta$$

$$= \dfrac{4}{3}\int_{-\frac{\pi}{4}}^{\frac{3\pi}{4}}\sin^4\left(\theta+\dfrac{\pi}{4}\right)\mathrm{d}\theta$$

$$= \dfrac{4}{3}\int_0^{\pi}\sin^4 t\mathrm{d}t = \dfrac{\pi}{2}.$$

例 6.54 计算以平面 xOy 上的圆周 $x^2+y^2=ax$ 围成的闭区域为底, 以曲

面 $z = x^2 + y^2$ 为顶的曲顶柱体的体积.

解 $V = \iint\limits_{D} (x^2 + y^2) \mathrm{d}x\mathrm{d}y = 2\int_{0}^{\frac{\pi}{2}} \mathrm{d}\theta \int_{0}^{a\cos\theta} r^2 \cdot r\mathrm{d}r$

$= \dfrac{1}{2} \int_{0}^{\frac{\pi}{2}} a^4 \cos^4\theta \mathrm{d}\theta$

$= \dfrac{1}{2} a^4 \cdot \dfrac{3}{4} \cdot \dfrac{1}{2} \cdot \dfrac{\pi}{2} = \dfrac{3\pi}{32} a^4.$

三、三重积分

1. 三重积分的概念

定义 6.26 设 $f(x,y,z)$ 是定义在空间有界闭区域 Ω 上的有界函数,将 Ω 任意分割为 n 个小区域 $\Delta V_1, \Delta V_2, \cdots, \Delta V_n$ 且在小区域 $\Delta V_k, k = 1, 2, \cdots, n$ 上任意取一点 (ξ_k, η_k, ζ_k) 都有 $\lim\limits_{d \to 0} \sum\limits_{i=1}^{n} f(\xi_k, \eta_k, \zeta_k) \Delta V_k$ 存在(其中 ΔV_k 为小区域 ΔV_k 的体积, d_k 为小区域 ΔV_k 的直径,而 $d = \max\limits_{1 \leqslant k \leqslant n} d_k$),则称这个极限值为 $f(x,y,z)$ 在空间区域 Ω 上的三重积分,记作 $\iiint\limits_{\Omega} f(x,y,z) \mathrm{d}v.$ 称函数 $f(x,y,z)$ 在 Ω 上可积.

其中 $\mathrm{d}v$ 称为体积元素. 在直角坐标系中三重积分可写成 $\iiint\limits_{\Omega} f(x,y,z) \mathrm{d}v.$

定理 6.15(三重积分的性质)

① $\iiint\limits_{\Omega} kf(x,y,z) \mathrm{d}v = k\iiint\limits_{\Omega} f(x,y,z) \mathrm{d}v, k$ 为常数.

② $\iiint\limits_{\Omega} [f(x,y,z) \pm g(x,y,z)] \mathrm{d}v = \iiint\limits_{\Omega} f(x,y,z) \mathrm{d}v \pm \iiint\limits_{\Omega} g(x,y,z) \mathrm{d}v.$

③ $\iiint\limits_{\Omega} f(x,y,z) \mathrm{d}v = \iiint\limits_{\Omega_1} f(x,y,z) \mathrm{d}v + \iiint\limits_{\Omega_2} f(x,y,z) \mathrm{d}v$, 其中 $\Omega = \Omega_1 \cup \Omega_2$,除公共边界外, Ω_1 与 Ω_2 不重叠.

④若 $f(x,y,z) \leqslant g(x,y,z), (x,y,z) \in \Omega,$,则

$$\iiint\limits_{\Omega} f(x,y,z) \mathrm{d}v \leqslant \iiint\limits_{\Omega} g(x,y,z) \mathrm{d}v.$$

⑤若 $m \leqslant f(x,y,z) \leqslant M, (x,y,z) \in \Omega,$则

$$mV \leqslant \iiint\limits_{\Omega} f(x,y,z) \mathrm{d}v \leqslant MV.$$

其中 V 为区域 Ω 的体积.

⑥ $\left| \iiint\limits_{\Omega} f(x,y,z) \mathrm{d}v \right| \leqslant \iiint\limits_{\Omega} |f(x,y,z)| \mathrm{d}v.$

⑦（积分中值定理）设 $f(x,y,z)$ 在空间有界闭区域 Ω 上连续，V 为 Ω 的体积，则存在 $(\xi,\eta,\zeta) \in \Omega$，使得

$$\iiint\limits_{\Omega} f(x,y,z)\,\mathrm{d}v = f(\xi,\eta,\zeta)V.$$

$\dfrac{1}{V}\iiint\limits_{\Omega} f(x,y,xz)\,\mathrm{d}v$ 称为 $f(x,y,z)$ 在 Ω 上的积分平均值.

2. 三重积分的计算法

三重积分可化为三次累次积分计算.

（1）直角坐标系下三重积分化为累次积分.

假设平行于 z 轴且穿过闭区域 Ω 内部的直线与 Ω 的边界曲面 S 相交不超过两点，闭区域 Ω 在平面 xOy 上的投影区域记为 D_{xy}，闭区域 Ω 可以表示为

$$\Omega = \{(x,y) \mid z_1(x,y) \leqslant z \leqslant z_2(x,y),(x,y) \in D_{xy}\},$$

三重积分可化为

$$\iiint\limits_{\Omega} f(x,y,z)\,\mathrm{d}v = \iint\limits_{D_{xy}} \left[\int_{z_1(x,y)}^{z_2(x,y)} f(x,y,z)\,\mathrm{d}z \right] \mathrm{d}\sigma.$$

如果投影区域 D_{xy} 可表示为 $D_{xy} = \{(x,y) \mid y_1(x) \leqslant y \leqslant y_2(x),a \leqslant x \leqslant b\}$，从而三重积分就化为了三次定积分 $\iiint\limits_{\Omega} f(x,y,z)\,\mathrm{d}v = \int_a^b \mathrm{d}x \int_{y_1(x)}^{y_2(x)} \mathrm{d}y \int_{z_1(x,y)}^{z_2(x,y)} f(x,y,z)\,\mathrm{d}z.$

如果用平行于 x 轴或 y 轴且穿过闭区域 Ω 内部的直线与 Ω 的边界曲面 S 的交点不超过两个，那么把 Ω 投影到平面 yOz 或 xOz 上，三重积分可化为其他顺序的三次积分.

例 6.55 计算三重积分 $\iiint\limits_{\Omega} xy^2z^3\mathrm{d}x\mathrm{d}y\mathrm{d}z$，其中 Ω 为曲面 $z=xy$ 与平面 $y=x$，$x=1$ 和 $z=0$ 所围成的闭区域.

解 $\iiint\limits_{\Omega} xy^2z^3\mathrm{d}x\mathrm{d}y\mathrm{d}z = \int_0^1 x\mathrm{d}x \int_0^x y^2\mathrm{d}y \int_0^{xy} z^3\,\mathrm{d}z$

$$= \frac{1}{4}\int_0^1 x^5\mathrm{d}x \int_0^x y^6\mathrm{d}y = \frac{1}{364}.$$

例 6.56 计算三重积分 $\iiint\limits_{\Omega} xz\mathrm{d}x\mathrm{d}y\mathrm{d}z$，其中 Ω 为由平面 $z=0,z=y,y=1$，以及抛物柱面 $y=x^2$ 所围成的闭区域.

解 $\iiint\limits_{\Omega} xz\mathrm{d}x\mathrm{d}y\mathrm{d}z = \int_{-1}^1 x\mathrm{d}x \int_{x^2}^1 \mathrm{d}y \int_0^y z\mathrm{d}z$

$$= \int_{-1}^1 x\mathrm{d}x \int_{x^2}^1 \frac{1}{2}y^2\mathrm{d}y$$

$$= \frac{1}{6} \int_{-1}^{1} x(1 - x^6) \, \mathrm{d}x = 0.$$

例 6.57　计算三重积分 $\iiint\limits_{\Omega} \dfrac{\mathrm{d}x\mathrm{d}y\mathrm{d}z}{(1 + x + y + z)^3}$，其中 Ω 为由平面 $x = 0, y = 0, z = 0, x + y + z = 1$ 所围成的四面体.

解　$\iiint\limits_{\Omega} \dfrac{\mathrm{d}x\mathrm{d}y\mathrm{d}z}{(1 + x + y + z)^3} = \displaystyle\int_0^1 \mathrm{d}x \int_0^{1-x} \mathrm{d}y \int_0^{1-x-y} \frac{1}{(1 + x + y + z)^3} \mathrm{d}z$

$$= \int_0^1 \mathrm{d}x \int_0^{1-x} \left[\frac{1}{-2(1 + x + y)^2} - \frac{1}{8} \right] \mathrm{d}y$$

$$= \int_0^1 \left[\frac{1}{2}\ln(1 + x) - \frac{3}{8} + \frac{1}{8}x \right] \mathrm{d}x$$

$$= \frac{1}{2}\left(\ln 2 - \frac{5}{8} \right).$$

（2）柱面坐标系下三重积分化为累次积分.

设 P 为空间中的任意一点，点 P 的直角坐标为 (x, y, z)，点 P 在平面 xOy 上的投影为 P_0，P_0 的极坐标为 (ρ, θ)（图 6-4），则称 (ρ, θ, z) 为点 P 的柱面坐标. 柱面坐标与直角坐标的关系为 $\begin{cases} x = \rho\cos\theta, \\ y = \rho\sin\theta, \\ z = z. \end{cases}$

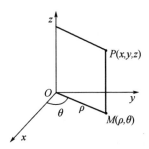

图 6-4

当 ρ 为常数时表示以 z 轴为对称轴的圆柱面，且 $0 \leqslant \rho < +\infty$；当 θ 为常数时表示过 z 轴的半平面，且 $0 \leqslant \theta \leqslant 2\pi$；当 z 为常数时表示垂直于 z 轴的平面，且 $-\infty < z < +\infty$.

于是在柱面坐标系下三重积分

$$\iiint\limits_{\Omega} f(x, y, z) \, \mathrm{d}v = \iiint\limits_{\Omega} f(\rho\cos\theta, \rho\sin\theta, z) \rho \mathrm{d}\rho\mathrm{d}\theta\mathrm{d}z.$$

若在柱面坐标系中，积分区域可表示为

$$\Omega = \left\{ (\rho,\theta,z) \mid \alpha \leq \theta \leq \beta, \rho_1(\theta) \leq \rho \leq \rho_2(\theta), z_1(\rho,\theta) \leq z \leq z_2(\rho,\theta) \right\},$$

则在柱面坐标系中化为

$$\iiint_{\Omega} f(\rho\cos\theta, \rho\sin\theta, z)\rho\mathrm{d}\rho\mathrm{d}\theta\mathrm{d}z = \int_{\alpha}^{\beta} \mathrm{d}\theta \int_{\rho_1(\theta)}^{\rho_2(\theta)} \rho\mathrm{d}\rho \int_{z_1(\rho,\theta)}^{z_2(\rho,\theta)} f(\rho\cos\theta, \rho\sin\theta, z)\mathrm{d}z.$$

通常情况下,如果积分区域 Ω 在某个坐标面上的投影为圆形区域、扇形、圆环区域,被积函数为 $f(x^2 + y^2)$ 等形式,则可利用柱面坐标系计算三重积分,能简化运算.

如何确定三重积分的积分限? 首先将 Ω 投影到平面 xOy 上得到投影区域 D_{xy},将 D_{xy} 利用极坐标表示;其次将 Ω 的边界曲线也利用柱面坐标系表示,在 D_{xy} 内任取一点 $(x,y,0)$ 作平行于 z 轴的直线,沿 z 轴正向看,先与 Ω 相交的边界曲面为下限 $z_1(\rho,\theta)$,后与 Ω 相交的边界曲面为上限 $z_2(\rho,\theta)$.

例 6.58 计算 $\displaystyle\iiint_{\Omega} \sqrt{x^2 + y^2}\,\mathrm{d}x\mathrm{d}y\mathrm{d}z$,其中 Ω 是旋转抛物面 $z = 1 - x^2 - y^2$ 与圆锥面 $z = \sqrt{x^2 + y^2} - 1$ 所围成的立体图形.

解 由 $\begin{cases} z = 1 - x^2 - y^2, \\ z = \sqrt{x^2 + y^2} - 1, \end{cases}$ 得交线 $x^2 + y^2 = 1$,于是 Ω 在平面 xOy 上的投影区域 D_{xy} 为 $x^2 + y^2 \leq 1$,在极坐标系中可以表示为 $0 \leq \theta \leq 2\pi, 0 \leq \rho \leq 1$. 在柱面坐标系中曲面 $z = 1 - x^2 - y^2$ 可化为 $z = \rho - 1$,取为下限;因此

$$\begin{aligned}
\iiint_{\Omega} \sqrt{x^2 + y^2}\,\mathrm{d}x\mathrm{d}y\mathrm{d}z &= \iiint_{\Omega} \rho \cdot \rho\mathrm{d}\rho\mathrm{d}\theta\mathrm{d}z \\
&= \int_0^{2\pi} \mathrm{d}\theta \int_0^1 \rho^2\mathrm{d}\rho \int_{\rho-1}^{1-\rho^2} \mathrm{d}z \\
&= 2\pi \int_0^1 \rho^2(2 - \rho - \rho^2)\mathrm{d}\rho = \frac{13\pi}{30}.
\end{aligned}$$

例 6.59 计算 $\displaystyle\iiint_{\Omega} z\mathrm{d}v$,其中 Ω 是由曲面 $z = \sqrt{2 - x^2 - y^2}$ 及 $z = x^2 + y^2$ 所围成的闭区域.

解 由 $\begin{cases} z = \sqrt{2 - x^2 - y^2}, \\ z = x^2 + y^2, \end{cases}$ 得 $x^2 + y^2 = 1$,因而区域 Ω 在平面 xOy 上的投影区域 D_{xy} 为 $x^2 + y^2 \leq 1$. 因此

$$\begin{aligned}
\iiint_{\Omega} z\mathrm{d}v &= \int_0^2 \mathrm{d}\theta \int_0^1 \rho\mathrm{d}\rho \int_{\rho^2}^{\sqrt{2-\rho^2}} z\mathrm{d}z \\
&= 2\pi \int_0^1 \frac{1}{2}\rho(2 - \rho^2 - \rho^4)\mathrm{d}\rho = \frac{7\pi}{12}.
\end{aligned}$$

四、曲线积分

1. 第一型曲线积分

定义 6.27 设 L 为平面 xOy 上的一条光滑（或分段光滑）的曲线弧，二元函数 $f(x,y)$ 定义在曲线 L 上，将曲线 L 任意分为 n 个小弧段 Δl_i，$i=1,2,\cdots,n$，令 $\lambda = \max\limits_{1 \leqslant i \leqslant n} \lambda_i$，$\lambda_i$ 为第 i 个小弧段 Δl_i 的弧长，在每个小弧段 Δl_i 上任取一点 (ξ_i,η_i)，作和式 $\sum\limits_{i=1}^{n} f(\xi_i,\eta_i)\Delta l_i$，如果 $\lim\limits_{\lambda \to 0} f(\xi_i,\eta_i)\Delta l_i$ 存在，则称此极限值为函数 $f(x,y)$ 在曲线 L 上的第一型曲线积分，记作 $\int_L f(x,y)\mathrm{d}l$. 即

$$\int_L f(x,y)\mathrm{d}l = \lim_{\lambda \to 0} \sum_{i=1}^{n} f(\xi_i,\eta_i)\Delta l_i.$$

式中，曲线 L 为积分路径；$f(x,y)$ 为被积函数；$\mathrm{d}l$ 为弧长元素.

定理 6.16（第一型曲线积分的性质）

（1）设积分路径 L 由两段光滑曲线 L_1 和 L_2 所组成，则有 $\int_L f(x,y)\mathrm{d}l = \int_{L_1} f(x,y)\mathrm{d}l + \int_{L_2} f(x,y)\mathrm{d}l$；

（2）对于任意的常数 k_1,k_2，有

$$\int_L [k_1 f(x,y) + k_2 g(x,y)]\mathrm{d}l = k_1 \int_L f(x,y)\mathrm{d}l + k_2 \int_L g(x,y)\mathrm{d}l;$$

（3）若改变积分路径 L 的方向，则第一型曲线积分值不变，即

$$\int_L f(x,y)\mathrm{d}l = \int_{L^-} f(x,y)\mathrm{d}l,$$

式中，L^- 表示与 L 指向相反的同一条曲线弧.

设曲线弧 L 的参数方程为 $\begin{cases} x = \varphi(t), \\ y = \psi(t), \end{cases} \alpha \leqslant t \leqslant \beta$，其中函数 $\varphi(t),\psi(t)$ 在闭区间 $[\alpha,\beta]$ 上具有连续导数，且 $\varphi'(t),\psi'(t)$ 不同时为零，$f(x,y)$ 在 L 上连续，则第一型曲线积分可化为定积分来计算：

$$\int_L f(x,y)\mathrm{d}l = \int_\alpha^\beta f[\varphi(t),\psi(t)] \sqrt{[\varphi'(t)]^2 + [\psi'(t)]^2}\,\mathrm{d}t.$$

如果曲线弧 L 的方程为 $y = y(x)$，$a \leqslant x \leqslant b$，且 $y'(x)$ 在 $[a,b]$ 上连续，此时曲线弧 L 的参数方程为 $\begin{cases} x = x, \\ y = y(x), \end{cases}$ 第一型曲线积分的计算公式为

$$\int_L f(x,y)\mathrm{d}l = \int_a^b f[x,y(x)] \sqrt{1 + [y'(x)]^2}\,\mathrm{d}x.$$

同理,如果曲线弧段 L 的方程 $x = x(y), c \le y \le d$,且 $x'(y)$ 在 $[c,d]$ 上连续,则 $\int_L f(x,y)\mathrm{d}l = \int_c^d f[x(y),y] \sqrt{1 + [x'(y)]^2}\mathrm{d}y$.

例 6.60 $\int_L y\mathrm{d}l$,其中 L 为抛物线 $y^2 = 4x, y \in [0,2]$.

解 $x = \dfrac{y^2}{4}, x' = \dfrac{y}{2}, \mathrm{d}l = \sqrt{1 + (x')^2}\mathrm{d}y = \dfrac{1}{2}\sqrt{4 + y^2}\mathrm{d}y, y \in [0,2]$,

$$\int_L y\mathrm{d}l = \frac{1}{2}\int_0^2 y \sqrt{4 + y^2}\mathrm{d}y = \frac{1}{4} \cdot \frac{2}{3}(4 + y^2)^{\frac{3}{2}}\Big|_0^2 = \frac{4}{3}(2\sqrt{2} - 1).$$

例 6.61 $\oint_L (x^2 + y^2)^n \mathrm{d}l$,其中 L 为圆周 $x = a\cos t, y = a\sin t, 0 \le t \le 2\pi$.

解
$$\oint_L (x^2 + y^2)^n \mathrm{d}l = \int_0^{2\pi} (a^2\cos^2 t + a^2\sin^2 t)^n \sqrt{(-a\sin t)^2 + (a\cos t)^2}\mathrm{d}t$$
$$= \int_0^{2\pi} a^{2n+1}\mathrm{d}t = 2\pi a^{2n+1}.$$

2. 第二型曲线积分

(1)第二型曲线积分的定义.

定义 6.28 设 L 是平面 xOy 内的以 A 为起点,B 为终点的分段光滑的有向曲线弧,$P(x,y), Q(x,y)$ 为定义在 L 上的有界函数. 在 L 上沿 L 的方向依次任意插入 $n-1$ 个分点:$M_1, M_2, \cdots, M_{n-1}(A = M_0, B = M_n)$,把 L 分为 n 个有向光滑小弧段 $\overparen{M_{i-1}M_i}$,设分点 M_i 的坐标为 (x_i, y_i),记 $\Delta x_i = x_i - x_{i-1}, \Delta y_i = y_i - y_{i-1}, i = 0, 1, \cdots, n$. $\Delta x_i, \Delta y_i$ 分别为小有向曲线弧 $\overparen{M_{i-1}M_i}$ 在 x 轴和 y 轴上的投影,点 (ξ_i, η_i) 为 $\overparen{M_{i-1}M_i}$ 上任意取定的点,作和式 $\sum\limits_{i=1}^n P(\xi_i, \eta_i)\Delta x_i$ 与 $\sum\limits_{i=1}^n Q(\xi_i, \eta_i)\Delta y_i$,令 λ 为所有小弧段中弧长的最大者. 若 $\lim\limits_{\lambda \to 0}\sum\limits_{i=1}^n P(\xi_i, \eta_i)\Delta x_i$ 总存在,则称该极限为函数 $P(x,y)$ 在有向曲线弧 L 上对坐标 x 曲线积分,记作 $\int_L P(x, y)\mathrm{d}x$,即

$$\int_L P(x,y)\mathrm{d}x = \lim_{\lambda \to 0}\sum_{i=1}^n P(\xi_i, \eta_i)\Delta x_i.$$

类似地,如果极限 $\lim\limits_{\lambda \to 0}\sum\limits_{i=1}^n Q(\xi_i, \eta_i)\Delta y_i$ 总存在,则称该极限为函数 $Q(x,y)$ 在有向弧 L 上对坐标的曲线积分,记作 $\int_L Q(x,y)\mathrm{d}y$,即

$$\int_L Q(x,y)\,\mathrm{d}y = \lim_{\lambda \to 0} \sum_{i=1}^{n} Q(\xi_i, \eta_i) \Delta y_i.$$

常用的第二型曲线积分的形式为 $\int_L P(x,y)\,\mathrm{d}x + \int_L Q(x,y)\,\mathrm{d}y$，并且

$$\int_L P(x,y)\,\mathrm{d}x + \int_L Q(x,y)\,\mathrm{d}y = \int_L P(x,y)\,\mathrm{d}x + Q(x,y)\,\mathrm{d}y.$$

如果 L 为封闭曲线，通常记作 $\oint_L P(x,y)\,\mathrm{d}x + Q(x,y)\,\mathrm{d}y.$

（2）第二型曲线积分的性质.

①如果有向曲线积分 L 的方向改变为 L^-（与 L 的方向相反），则

$$\int_L P(x,y)\,\mathrm{d}x + Q(x,y)\,\mathrm{d}y = -\int_{L^-} P(x,y)\,\mathrm{d}x + Q(x,y)\,\mathrm{d}y.$$

②若积分路径 L 由 L_1 和 L_2 首尾依次连接而成，则

$$\int_L P(x,y)\,\mathrm{d}x + Q(x,y)\,\mathrm{d}y = \int_{L_1} P(x,y)\,\mathrm{d}x + Q(x,y)\,\mathrm{d}y +$$
$$\int_{L_2} P(x,y)\,\mathrm{d}x + Q(x,y)\,\mathrm{d}y.$$

（3）第二型曲线积分的计算.

设 $P(x,y)$ 和 $Q(x,y)$ 为定义在有向曲线 L 上的连续函数，L 的参数方程为 $\begin{cases} x = \varphi(t), \\ y = \psi(t), \end{cases}$ 当参数 t 单调地由 α 变到 β 时，对应的点 $M(x,y)$ 从 L 的起点移动到终点，$\varphi(t)$ 和 $\psi(t)$ 在 $[\alpha,\beta]$ 上具有一阶连续导数，并且 $\varphi'(t)$ 和 $\psi'(t)$ 不同时为零，则

$$\int_L P(x,y)\,\mathrm{d}x + Q(x,y)\,\mathrm{d}y = \int_\alpha^\beta \{ P[\varphi(t),\psi(t)]\varphi'(t) +$$
$$Q[\varphi(t),\psi(t)]\psi'(t) \}\,\mathrm{d}t.$$

注 6.10　在上式中要注意下限 α 对应 L 的起点，上限 β 对应 L 的终点，且 α 不一定小于 β.

如果曲线方程为 $y = \psi(x), a \leqslant x \leqslant b$，则

$$\int_L P(x,y)\,\mathrm{d}x + Q(x,y)\,\mathrm{d}y = \int_a^b \{ P[x,\psi(x)] + Q[x,\psi(x)]\psi'(x) \}\,\mathrm{d}x.$$

如果曲线方程为由 $x = \varphi(y), c \leqslant y \leqslant d$，则

$$\int_L P(x,y)\,\mathrm{d}x + Q(x,y)\,\mathrm{d}y = \int_c^d \{ P[\varphi(y),y]\varphi'(y) + Q[\varphi(y),y] \}\,\mathrm{d}y.$$

例 6.62　计算 $\oint_L \dfrac{(x+y)\,\mathrm{d}x - (x-y)\,\mathrm{d}y}{x^2 + y^2}$，其中 L 为圆周 $x^2 + y^2 = a^2$（逆时针）.

解　圆周的参数方程为 $x = a\cos t, y = a\sin t, 0 \leqslant t \leqslant 2\pi.$

$$\oint_L \frac{(x+y)dx - (x-y)dy}{x^2+y^2}$$

$$= \frac{1}{a^2}\int_0^{2\pi}\left[(a\cos t + a\sin t)(-a\sin t) - (a\cos t - a\sin t)a\cos t\right]dt$$

$$= \frac{1}{a^2}\int_0^{2\pi}(-a^2)dt = -2\pi.$$

例 6.63 求 $\int_L(x^2 - y^2)dx$，其中 L 是抛物线 $y = x^2$ 上从点 $(0,0)$ 到点 $(2, 4)$ 的一段.

解 x 作参数，$L:y = x^2$（起点为 $x = 0$，终点为 $x = 2$），则

$$\int_L(x^2 - y^2)dx = \int_0^2(x^2 - x^4)dx$$

$$= \left[\frac{1}{3}x^3 - \frac{1}{5}x^5\right]_0^2 = -\frac{56}{15}.$$

例 6.64 $\int_\Gamma xdx + ydy + (x+y-1)dz$，其中 Γ 是从点 $(1,1,1)$ 到点 $(2,3, 4)$ 的一段直线段.

解 直线的参数方程为 $x = 1+t, y = 1+2t, z = 1+3t, 0 \leq t \leq 1$，则

$$\int_\Gamma xdx + ydy + (x+y-1)dz = \int_0^1\left[(1+t) + 2(1+2t) + \right.$$

$$\left. 3(1+t+1+2t-1)\right]dt$$

$$= \int_0^1(6+14t)dt = 13.$$

五、格林公式

定义 6.29 如果区域 D 内任意一条封闭曲线所围成的区域只含有 D 中的点，则称 D 为单连通区域，否则称为复连通区域.

如果平面区域 D 的边界 L 是由一条或几条光滑曲线所组成的（图 6-5），则边界曲线的正方向规定为：当观察者沿着边界行走时，区域 D 总在他的左边. 与上述方向相反的方向称为负方向，记为 $-L$.

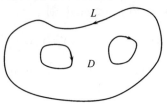

图 6-5

定理 6.17　若函数 $P(x,y)$，$Q(x,y)$ 在闭区域 D 上连续，且有连续的一阶偏导数，则有

$$\iint_D \left(\frac{\partial Q}{\partial x} - \frac{\partial P}{\partial y} \right) \mathrm{d}\sigma = \oint_L P\mathrm{d}x + Q\mathrm{d}y$$

该公式称为格林公式.

证明　根据区域 D 的不同形状，这里分三种情形进行证明.

（1）若 D 既是 X 型又是 Y 型区域（图 6-6），则 D 可表示为 $\varphi_1(x) \leqslant y \leqslant \varphi_2(x)$，$a \leqslant x \leqslant b$，又可表示为 $\psi_1(y) \leqslant x \leqslant \psi_2(y)$，$\alpha \leqslant y \leqslant \beta$. 这里 $y = \varphi_1(x)$ 和 $y = \varphi_2(x)$ 分别为曲线 $\overset{\frown}{ACB}$ 和 $\overset{\frown}{AEB}$ 的方程，$x = \psi_1(y)$ 和 $x = \psi_2(y)$ 则分别是曲线 $\overset{\frown}{CAE}$ 和 $\overset{\frown}{CBE}$ 的方程.

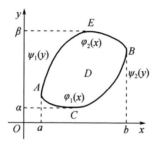

图 6-6

于是

$$
\begin{aligned}
\iint_D \frac{\partial Q}{\partial x}\mathrm{d}\sigma &= \int_\alpha^\beta \mathrm{d}y \int_{\psi_1(x)}^{\psi_2(x)} \frac{\partial Q}{\partial x}\mathrm{d}x \\
&= \int_\alpha^\beta Q(\psi_2(y),y)\mathrm{d}y - \int_\alpha^\beta Q(\psi_1(y),y)\mathrm{d}y \\
&= \int_{\overset{\frown}{CBE}} Q(x,y)\mathrm{d}y - \int_{\overset{\frown}{CAE}} Q(x,y)\mathrm{d}y \\
&= \int_{\overset{\frown}{CBE}} Q(x,y)\mathrm{d}y + \int_{\overset{\frown}{EAC}} Q(x,y)\mathrm{d}y \\
&= \oint_L Q(x,y)\mathrm{d}y.
\end{aligned}
$$

同理可以证得

$$-\iint_D \frac{\partial P}{\partial y}\mathrm{d}\sigma = \oint_L P(x,y)\mathrm{d}x.$$

将上面两个结果加起来得

$$\iint_D \left(\frac{\partial Q}{\partial x} - \frac{\partial P}{\partial y}\right) d\sigma = \oint_L (Pdx + Qdy).$$

（2）若区域 D 是由一条分段光滑的闭曲线围成（图 6－7），则可把 D 分成若干个（1）中的区域，然后相加.

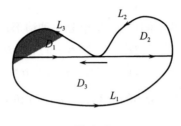

图 6－7

如图 6－7 所示，区域 D 可以分为 D_1, D_2, D_3. 所以

$$\iint_D \left(\frac{\partial Q}{\partial x} - \frac{\partial P}{\partial y}\right) d\sigma = \iint_{D_1} \left(\frac{\partial Q}{\partial x} - \frac{\partial P}{\partial y}\right) d\sigma + \iint_{D_2} \left(\frac{\partial Q}{\partial x} - \frac{\partial P}{\partial y}\right) d\sigma + \iint_{D_3} \left(\frac{\partial Q}{\partial x} - \frac{\partial P}{\partial y}\right) d\sigma$$

$$= \oint_{L_1} Pdx + Qdy + \oint_{L_2} Pdx + Qdy + \oint_{L_3} Pdx + Qdy$$

$$= \oint_L Pdx + Qdy.$$

（3）若区域 D 由几条闭曲线所围成（图 6－8），则可适当添加直线段 AB，CE，把区域转化为（2）的情况来处理.

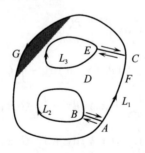

图 6－8

例 6.65　计算 $\oint_L (2x - y + 4)dx + (5y + 3x - 6)dy$，其中 L 的三顶点分别为 $(0,0),(3,0),(3,2)$ 的三角形正向边界.

解　过点 $(0,0)$ 和点 $(3,2)$ 的直线方程为 $y = \dfrac{2}{3}x$，且

$$P(x,y) = 2x - y + 4, Q(x,y) = 5y + 3x - 6, \frac{\partial Q}{\partial x} - \frac{\partial P}{\partial y} = 3 - (-1) = 4,$$

$$\oint_L (2x - y + 4)\mathrm{d}x + (5y + 3x - 6)\mathrm{d}y = \iint_D \left(\frac{\partial Q}{\partial x} - \frac{\partial P}{\partial y}\right)\mathrm{d}x\mathrm{d}y$$

$$= \iint_D 4\mathrm{d}x\mathrm{d}y = \int_0^3 \mathrm{d}x \int_0^{\frac{2}{3}x} 4\mathrm{d}y$$

$$= \int_0^3 \frac{8}{3}x\mathrm{d}x = 12.$$

例 6.66　$\int_L y\mathrm{d}x + (\sqrt{y} + \sin x)\mathrm{d}y$，其中 L 是余弦曲线 $y = \cos x$ 上从点 $A(0,1)$ 到点 $B\left(\frac{\pi}{2}, 0\right)$ 的一段有向弧.

解　曲线 L 不是封闭曲线，为了能够运用格林公式，补有向直线 $\overrightarrow{BO}: y = 0$ 及 $\overrightarrow{OA}: x = 0$，使曲线 L 变为封闭曲线，则 $P = y, Q = \sqrt{y} + \sin x, \frac{\partial P}{\partial y} = 1, \frac{\partial Q}{\partial x} = \cos x$，从而

$$\int_L y\mathrm{d}x + (\sqrt{y} + \sin x)\mathrm{d}y = \left(\oint_{L+\overrightarrow{BO}+\overrightarrow{OA}} + \int_{\overrightarrow{AO}} + \int_{\overrightarrow{OB}}\right) y\mathrm{d}x + (\sqrt{y} + \sin x)\mathrm{d}y$$

$$= -\iint_D (\cos x - 1)\mathrm{d}x\mathrm{d}y + \int_1^0 \sqrt{y}\mathrm{d}y + \int_0^{\pi/2} 0 \cdot \mathrm{d}x$$

$$= -\int_0^{\pi/2} \mathrm{d}x \int_0^{\cos x} (\cos x - 1)\mathrm{d}y - \frac{2}{3}$$

$$= -\int_0^{\pi/2} (\cos x - 1)\cos x\mathrm{d}x - \frac{2}{3}$$

$$= -\frac{\pi}{4} + 1 - \frac{2}{3} = \frac{1}{3} - \frac{\pi}{4}.$$

六、曲线积分与路径无关的条件

第二型曲线积分与曲线积分路径的方向有关，当曲线的方向改变时，积分也会随之改变. 研究发现，当被积函数满足一定的条件时，第二型曲线积分也与积分路径的方向无关.

定理 6.18　设区域 D 是单连通区域，若函数 $P(x,y), Q(x,y)$ 在 D 内有一阶连续偏导数，则以下四个命题等价：

(1) 对于 D 内任意一条分段光滑的简单封闭曲线 L，有 $\oint_L P\mathrm{d}x + Q\mathrm{d}y = 0$；

(2) 在 D 内曲线积分 $\int_L P(x,y)\mathrm{d}x + Q(x,y)\mathrm{d}y$ 与路径无关；

(3)存在二元函数 $u = u(x,y)$，使得对任意 $(x,y) \in D$，有 $\mathrm{d}u = P\mathrm{d}x + Q\mathrm{d}y$；

(4)对任意 $(x,y) \in D$，有 $\dfrac{\partial P}{\partial y} = \dfrac{\partial Q}{\partial x}$.

注 6.11 定理 6.18 给出了第二类曲线积分与路径无关的三个充分必要条件. 在这三个条件中使用最多的是 $\dfrac{\partial P}{\partial y} = \dfrac{\partial Q}{\partial x}$，使用此条件时要求 D 是单连通区域.

定义 6.30 把定理 6.18(3)中的满足 $\mathrm{d}u = P\mathrm{d}x + Q\mathrm{d}y$ 的函数 $u(x,y)$ 称为全微分式 $P\mathrm{d}x + Q\mathrm{d}y$ 的一个原函数，其原函数全体为 $u(x,y) + C$（C 为任意常数）.

由于积分与路径无关，故可沿着平行于坐标轴的折线段积分来求原函数，即

$$u(x,y) = \int_{x_0}^{x} P(x,y_0)\,\mathrm{d}x + \int_{y_0}^{y} Q(x,y)\,\mathrm{d}y;$$

或

$$u(x,y) = \int_{x_0}^{x} P(x,y)\,\mathrm{d}x + \int_{y_0}^{y} Q(x_0,y)\,\mathrm{d}y.$$

例 6.67 求 $\displaystyle\int_{L} y\mathrm{d}x + (x+y^2)\mathrm{d}y$，其中 L 的起点、终点分别为 $(0,0)$，$(1,3)$.

解 因为 $P = y, Q = x + y^2, \dfrac{\partial P}{\partial y} = \dfrac{\partial Q}{\partial x} = 1$，在整个平面 xOy 内 $\dfrac{\partial P}{\partial y} = \dfrac{\partial Q}{\partial x}$ 且连续，所以积分 $\displaystyle\int_{L} y\mathrm{d}x + (x+y^2)\mathrm{d}y$ 与路径无关，沿折线计算即可，则

$$\int_{L} y\mathrm{d}x + (x+y^2)\mathrm{d}y = \int_{0}^{1} 0\,\mathrm{d}x + \int_{0}^{3}(1+y^2)\,\mathrm{d}y = 0 + 3 + \frac{27}{3} = 12.$$

例 6.68 证明 $(4x+2y)\mathrm{d}x + (2x-6y)\mathrm{d}y$ 是某个二元函数的全微分.

证明 令 $P = 4x+2y, Q = 2x-6y$，则 $\dfrac{\partial P}{\partial y} = \dfrac{\partial Q}{\partial x} = 2$，所以 $(4x+2y)\mathrm{d}x + (2x-6y)\mathrm{d}y$ 是某个二元函数 $u(x,y)$ 的全微分.

取 $x_0 = 0, y_0 = 0$，则

$$u(x,y) = \int_{0}^{x}(4x + 2 \times 0)\,\mathrm{d}x + \int_{0}^{y}(2x - 6y)\,\mathrm{d}y + C$$
$$= 2x^2 + 2xy - 3y^2 + C.$$

习　　题

1. 求下列函数的定义域.

$(1) z = \dfrac{\sqrt{4x - y^2}}{\ln(1 - x^2 - y^2)}$;

$(2) z = \dfrac{1}{\sqrt{x + y}} - \dfrac{1}{\sqrt{x - y}}$;

$(3) z = \sqrt{1 - x^2} + \sqrt{4 - y^2}$;

$(4) z = \sqrt{x - \sqrt{y}}$;

$(5) \arcsin \dfrac{x}{y^2} + \ln(1 - \sqrt{y})$;

$(6) z = \ln(y - \sqrt{x})$.

2. 求下列函数的解析式.

$(1) f(x, y) = xy + \dfrac{x}{y}$, 求 $f(xy, x + y)$;

$(2) f(x + y, x - y) = x^2 - y^2$, 求 $f(x, y)$;

$(3) f(x, y) = \ln(x - \sqrt{x^2 - y^2})\,(x > y > 0)$, 求 $f(x + y, x - y)$.

3. 求下列函数的极限.

$(1) \lim\limits_{(x,y) \to (1,1)} \dfrac{x + 2y}{2x - y}$;

$(2) \lim\limits_{(x,y) \to (\pi,1)} \dfrac{\sin xy}{x^2 - y^2}$;

$(3) \lim\limits_{(x,y) \to (0,0)} x\sin \dfrac{1}{\sqrt{x^2 + y^2}}$;

$(4) \lim\limits_{(x,y) \to (0,1)} \dfrac{1 - xy}{x^2 + y^2}$;

$(5) \lim\limits_{(x,y) \to (0,0)} \dfrac{2 - \sqrt{xy + 4}}{xy}$;

$(6) \lim\limits_{(x,y) \to (0,2)} \dfrac{\sin xy}{x}$.

4. 证明下列函数的极限不存在.

$(1) \lim\limits_{(x,y) \to (0,0)} \dfrac{x + y}{x - y}$;

$(2) \lim\limits_{(x,y) \to (0,0)} \dfrac{x^2 y^2}{x^2 y^2 + (x - y)^2}$.

5. 求下列函数的偏导数.

$(1) z = x^3 y - y^3 x$;

$(2) z = \sqrt{\ln xy}$;

$(3) z = \sin xy + \cos^2 xy$;

$(4) z = (1 + xy)^y$;

$(5) x^{\frac{y}{z}}$;

$(6) z = \arctan \dfrac{y}{x}$;

$(7) u = \ln(x^2 + y^2 + z^2)$;

$(8) z = \left(\dfrac{x}{y}\right)^3$.

6. 设 $z = xy + xe^{\frac{y}{x}}$, 验证 $x\dfrac{\partial z}{\partial x} + y\dfrac{\partial z}{\partial y} = xy + z$.

7. 求下列函数的二阶偏导数.

(1)$z = x\ln(x + y)$;　　(2)$z = \sqrt{\dfrac{x}{y}}$;　　(3)$z = x^y - 2\sqrt{xy}$.

8. 验证函数 $u = \ln\dfrac{1}{r}$,其中 $r = \sqrt{x^2 + y^2 + z^2}$ 满足方程 $\dfrac{\partial^2 u}{\partial x^2} + \dfrac{\partial^2 u}{\partial y^2} + \dfrac{\partial^2 u}{\partial z^2} = -\dfrac{1}{r^2}$.

9. 求下列函数的全微分.

(1)$z = xy + \dfrac{x}{y}$;　　(2)$z = e^{\frac{y}{x}}$;　　(3)$z = \dfrac{y}{\sqrt{x^2 + y^2}}$;

(4)$u = x^{yz}$;　　　　(5)$z = \sqrt{\dfrac{x}{y}}$.

10. 设 $z = u^2 v - uv^2$,而 $u = x\cos y, v = x\sin y$,求 $\dfrac{\partial z}{\partial x}, \dfrac{\partial z}{\partial y}$.

11. 设 $z = u^2\ln v$,而 $u = \dfrac{x}{y}, v = 3x - 2y$,求 $\dfrac{\partial z}{\partial x}, \dfrac{\partial z}{\partial y}$.

12. 设 $z = e^{x - 2y}$,而 $x = \sin t, y = t^3$,求 $\dfrac{dz}{dt}$.

13. 求下列方程确定的隐函数的偏导数或全微分.

(1)设 $z = z(x,y)$ 是由 $z^3 - 2xz + y = 0$ 所确定的函数,求 $\dfrac{\partial z}{\partial x}, \dfrac{\partial z}{\partial y}$;

(2)设 $z = z(x,y)$ 是由 $\dfrac{x}{z} = \ln\dfrac{z}{y}$ 所确定的函数,求 $\dfrac{\partial z}{\partial x}, \dfrac{\partial z}{\partial y}$;

(3)设 $z = z(x,y)$ 是由 $x + 2y + z - 2\sqrt{xyz} = 0$ 所确定的函数,求 $\dfrac{\partial z}{\partial x}, \dfrac{\partial z}{\partial y}$.

14. 求下列复合函数的一阶偏导数.

(1)$u = f\left(x, \dfrac{x}{y}\right)$;　　(2)$z = f(x^2 - y^2, e^{xy})$;　　(3)$z = f(xy, y)$

15. 求曲线 $x = \cos t, y = \sin t, z = \tan\dfrac{t}{2}$ 在点 $(0,1,1)$ 处的切线方程与法线方程.

16. 旋转抛物面 $z = x^2 + y^2 - 1$ 在点 $P_0(2,1,4)$ 处的切平面方程和法线方程.

17. 求下列函数的极值.

(1)$f(x,y) = e^{2x}(x + y^2 + 2y)$;　　　(2)$f(x,y) = xy(a - x - y)$;

(3)$f(x,y) = 3x^2 y + y^3 - 3x^2 - 3y^2 + 2$;　(4)$f(x,y) = x^3 + y^3 - 3xy$.

18. 求函数 $z = xy$ 在条件 $x + y = 1$ 下的最大值.

19. 要造一个容积为定值 k 的长方体无盖水池,应如何选择水池的尺寸,使它的表面积最小?

20. 计算下列二重积分.

$(1) \iint\limits_{D} (x^2 + y^2) \mathrm{d}x\mathrm{d}y$,其中 $D = \{(x,y) \mid |x| \leqslant 1, |y| \leqslant 1\}$;

$(2) \iint\limits_{D} (3x + 2y) \mathrm{d}x\mathrm{d}y$,其中 D 是由两坐标轴及直线 $x + y = 2$ 所围成的闭区域;

$(3) \iint\limits_{D} (x^3 + 3x^2y + y^3) \mathrm{d}x\mathrm{d}y$,其中 $D = \{(x,y) \mid 0 \leqslant x \leqslant 1, 0 \leqslant y \leqslant 1\}$;

$(4) \iint\limits_{D} \cos(x + y) \mathrm{d}x\mathrm{d}y$,其中 $D = \{(x,y) \mid 0 \leqslant x \leqslant y, 0 \leqslant y \leqslant \pi\}$;

$(5) \iint\limits_{D} \sqrt{a^2 - x^2} \mathrm{d}x\mathrm{d}y$,其中 $D = \{(x,y) \mid x^2 + y^2 \leqslant a^2\}, a > 0$.

21. 在极坐标系下计算下列二重积分.

$(1) \iint\limits_{D} \sin\sqrt{x^2 + y^2} \mathrm{d}x\mathrm{d}y$,其中 $D = \{(x,y) \mid \pi^2 \leqslant x^2 + y^2 \leqslant 4\pi^2\}$;

$(2) \iint\limits_{D} \sqrt{x^2 + y^2} \mathrm{d}x\mathrm{d}y$,其中 $D = \{(x,y) \mid x^2 + y^2 \leqslant 2x\}$;

$(3) \iint\limits_{D} \sqrt{1 - x^2 - y^2} \mathrm{d}x\mathrm{d}y$,其中 $D = \{(x,y) \mid x^2 + y^2 \leqslant 1, x \geqslant 0, y \geqslant 0\}$.

22. 计算下列三重积分.

$(1) \iiint\limits_{\Omega} z\mathrm{d}x\mathrm{d}y\mathrm{d}z$,其中 Ω 是由平面 $x = 0, y = 0, z = 0$ 和 $x + y + z = 1$ 所围成的有界闭区域;

$(2) \iiint\limits_{\Omega} z^2 \mathrm{d}x\mathrm{d}y\mathrm{d}z$,其中 Ω 是由椭球面 $\dfrac{x^2}{a^2} + \dfrac{y^2}{b^2} + \dfrac{z^2}{c^2} = 1$ 所围成的有界闭区域;

$(3) \iiint\limits_{\Omega} (x^2 + y^2) \mathrm{d}x\mathrm{d}y\mathrm{d}z$,其中 Ω 是由半球面 $z = 1 + \sqrt{1 - x^2 - y^2}$ 及平面 $z = 1$ 所围成的有界闭区域;

$(4) \iiint\limits_{\Omega} y\mathrm{d}x\mathrm{d}y\mathrm{d}z$,其中 Ω 是由 $x^2 + y^2 \leqslant 2y, 0 \leqslant z \leqslant 1$ 围成的有界闭区域.

23. 计算下列第一型曲线积分.

$(1) \int\limits_{L} 2x^2y\mathrm{d}l$,其中 L 是折线 $y = |x|$ 上对应 $0 \leqslant y \leqslant 1$ 的部分;

(2) $\int_L xy\mathrm{d}l$,其中 L 是位于第一象限的圆 $y = \sqrt{2x - x^2}$;

(3) $\int_L (xy + z^2)\mathrm{d}l$,其中 L 是从点 $O(0,0,0)$ 到点 $A(1,2,-2)$ 的直线段;

(4) $\int_L \dfrac{z\mathrm{d}l}{x^2 + y^2 + z^2}$,其中 L 是圆 $x = \sqrt{2}\cos t, y = \sin t, z = \sin t$ 上对应于从 $t = 0$ 到 $t = \pi$ 的一段弧.

24. 计算下列第二型曲线积分.

(1) $\int_L (x^2 - y^2)\mathrm{d}x$,其中 L 是抛物线 $y = x^2$ 上从点 $(0,0)$ 到点 $(2,4)$ 的一段弧;

(2) $\int_L y\mathrm{d}x + x\mathrm{d}y$,其中 L 是 $x = R\cos\theta, y = R\sin\theta$ 上从 $\theta = 0$ 到 $\theta = \dfrac{\pi}{2}$ 的一段弧;

(3) $\oint_L \dfrac{y\mathrm{d}x - x\mathrm{d}y}{x^2 + y^2}$,其中 L 是圆周 $x^2 + y^2 = a^2, a > 0$ 按逆时针方向绕行一周得到的封闭曲线;

(4) $\int_L x^2\mathrm{d}x + y^2\mathrm{d}y + z^2\mathrm{d}z$,其中 L 是从点 $O(0,0,0)$ 到点 $A(1,1,1)$ 的空间曲线.

25. 应用格林公式计算下列曲线积分.

(1) $\oint_L (x + y)\mathrm{d}x - (x - y)\mathrm{d}y$,其中 $L: \dfrac{x^2}{a^2} + \dfrac{y^2}{b^2} = 1$,逆时针方向;

(2) $\oint_L (x^3y + \mathrm{e}^y)\mathrm{d}x + (xy^3 + x\mathrm{e}^y - 2y)\mathrm{d}y$,其中 $L: x^2 + y^2 = a^2$,逆时针方向;

(3) $\oint_L \dfrac{y\mathrm{d}x + x\mathrm{d}y}{2x^2 + y^2}$,其中 $2x^2 + y^2 = 1$,逆时针方向.

26. 验证下列曲线积分与路径无关.

(1) $\int_{(1,0)}^{(2,1)} (2xy - y^4 + 3)\mathrm{d}x + (x^2 - 4xy^3)\mathrm{d}y$;

(2) $\int_{(0,0)}^{(2,0)} \mathrm{e}^x\cos y\mathrm{d}x - \mathrm{e}^x\sin y\mathrm{d}y$.

附录　常用三角函数公式

1. $\sin^2\alpha + \cos^2\alpha = 1$；$\sec^2\alpha - \tan^2\alpha = 1$；$\csc^2\alpha - \cot^2\alpha = 1$；

2. $\sin(\alpha \pm \beta) = \sin\alpha\cos\beta \pm \cos\alpha\sin\beta$；

   $\cos(\alpha \pm \beta) = \cos\alpha\cos\beta \mp \sin\alpha\sin\beta$；

3. $\sin 2\alpha = 2\sin\alpha\cos\alpha$；$\tan 2\alpha = \dfrac{2\tan\alpha}{1 - \tan^2\alpha}$；

4. $\cos 2\alpha = \cos^2\alpha - \sin^2\alpha = 2\cos^2\alpha - 1 = 1 - 2\sin^2\alpha$；

5. $\sin^2\dfrac{\alpha}{2} = \dfrac{1 - \cos\alpha}{2}$；$\cos^2\dfrac{\alpha}{2} = \dfrac{1 + \cos\alpha}{2}$；

6. $\cos\alpha\cos\beta = \dfrac{1}{2}\left[\cos(\alpha + \beta) + \cos(\alpha - \beta)\right]$；

   $\sin\alpha\sin\beta = -\dfrac{1}{2}\left[\cos(\alpha + \beta) - \cos(\alpha - \beta)\right]$；

   $\cos\alpha\sin\beta = \dfrac{1}{2}\left[\sin(\alpha + \beta) - \sin(\alpha - \beta)\right]$；

   $\sin\alpha\cos\beta = \dfrac{1}{2}\left[\sin(\alpha + \beta) + \sin(\alpha - \beta)\right]$；

7. $\cos\alpha + \cos\beta = 2\cos\dfrac{\alpha + \beta}{2}\cos\dfrac{\alpha - \beta}{2}$；

   $\cos\alpha - \cos\beta = -2\sin\dfrac{\alpha + \beta}{2}\sin\dfrac{\alpha - \beta}{2}$；

   $\sin\alpha + \sin\beta = 2\sin\dfrac{\alpha + \beta}{2}\cos\dfrac{\alpha - \beta}{2}$；

   $\sin\alpha - \sin\beta = 2\cos\dfrac{\alpha + \beta}{2}\sin\dfrac{\alpha - \beta}{2}$.

参 考 文 献

[1]徐兵.高等数学 理工类[M].2 版.北京:高等教育出版社,2010.

[2]刘秀英.高等数学[M].北京:电子工业出版社,2017.

[3]陈小柱,陈敬佳.高等数学习题全解[M].大连:大连理工大学出版社,2002.

[4]同济大学数学系.高等数学[M].6 版.北京:高等教育出版社,2007.

[5]李忠,周建莹.高等数学[M].北京:北京大学出版社,2004.

[6]华东师范大学数学科学学院.数学分析[M].5 版.北京:高等教育出版社,2021.

[7]尹逊波,杨国俅.全国大学生数学竞赛辅导教程[M].哈尔滨:哈尔滨工业大学出版社,2012.

[8]黄浩.高等数学[M].上海:同济大学出版社,2014.

[9]马知恩,王绵森.高等数学简明教程 上[M].北京:高等教育出版社,2009.

[10]金路,徐慧平.高等数学同步辅导与复习提高[M].上海:复旦大学出版社,2010.

[11]徐兵.高等数学证明题 500 例解析[M].北京:高等教育出版社,2007.

[12]姜长友,张武军.高等数学同步教程[M].北京:北京航空航天大学出版社,2006.

[13]潘新,魏彦睿,殷建峰.高等数学[M].苏州:苏州大学出版社,2020.

[14]朱贵凤.高等数学[M].北京:北京理工大学出版社,2020.

[15]王琼华,张丽萍.高等数学[M].昆明:云南大学出版社,2021.

[16]付桐林,潘军,姜莹莹.高等数学[M].北京:北京邮电大学出版社,2021.

[17]张振祺,马廷福.高等数学及其应用[M].重庆:重庆大学出版社,2020.

[18]王文静,袁海君.高等数学[M].上海:上海财经大学出版社,2020.

[19]曹西林.高等数学[M].北京:北京理工大学出版社,2019.

[20]沈栩竹,洪银盛.高等数学习题册[M].昆明:云南大学出版社,2020.

[21]张海峰.高等数学 中册[M].上海:上海交通大学出版社,2020.

[22]武忠祥.高等数学辅导讲义[M].西安:西安交通大学出版社,2020.

[23]吴建春.高等数学基础[M].重庆:重庆大学出版社,2019.

［24］马兰.高等应用数学［M］.北京：北京理工大学出版社，2019.

［25］尹志平.高等数学［M］.成都：西南交通大学出版社，2018.

［26］赵青山.高等数学［M］.北京：北京工业大学出版社，2018.

［27］李志荣，白静.高等数学［M］.北京：北京理工大学出版社，2018.

［28］王远清.高等数学：上册［M］.2版.武汉：华中师范大学出版社，2018.

［29］赵恩良.高等数学导学教程［M］.北京：北京理工大学出版社，2019.